GUANGDONG SHENGTAI WENMING
JIANSHE YANJIU

广东生态文明建设研究

倪新兵　苏昌强　著

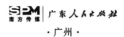
广东人民出版社
·广州·

图书在版编目（CIP）数据

广东生态文明建设研究 / 倪新兵，苏昌强著. —广州：广东人民出版社，2024.7
　　ISBN 978-7-218-17499-0

　　Ⅰ. ①广… Ⅱ. ①倪… ②苏… Ⅲ. ①生态环境建设—研究—广东 Ⅳ. ① X321.265

中国国家版本馆 CIP 数据核字（2024）第 071459 号

GUANGDONG SHENGTAI WENMING JIANSHE YANJIU

广 东 生 态 文 明 建 设 研 究

倪新兵　苏昌强　著

出 版 人：肖风华

责任编辑：钱飞遥　唐　芸
责任技编：吴彦斌

出版发行　广东人民出版社
地　　址：广州市越秀区大沙头四马路 10 号（邮政编码：510199）
电　　话：（020）85716809（总编室）
传　　真：（020）83289585
网　　址：http://www.gdpph.com
印　　刷：广东虎彩云印刷有限公司
开　　本：787 毫米 ×1092 毫米　1/16
印　　张：16.25　　字　　数：220 千
版　　次：2024 年 7 月第 1 版
印　　次：2024 年 7 月第 1 次印刷
定　　价：88.00 元

前　言

　　2023年8月15日是中国首个全国生态日，放眼中国，在"绿水青山就是金山银山"的发展理念下，人与自然和谐共生的现代化图景不断涌现。

　　提起广东，很多人的印象是它是一个经济繁荣的省份。实际上，在古代，广东被称为蛮荒之地，其位于南海之滨，四面环海，开发比中原晚，生态保护相对较好。到了唐宋时期，广东因其独特的历史地位和地理位置等，逐渐开发发展起来。

　　东汉杨孚，字孝元，是南海郡番禺县人，曾作《异物志》一书，是我国第一部地区性的物产专著，第一次对岭南的风物风俗进行系统整理。明清时期，广东人已认识到森林是生态系统的核心。在实践中，他们不仅制定乡规民约，并竖立碑刻保护林木。例如明正统六年（1441年）《重修羊城街记》云："正统辛酉春，参布政使司事武昌王公始谋诸方伯真临郡吴公、大参苍梧龚公、盱江左公，捐资为倡，用口更新。"天河区猎德村李公祠内清乾隆十四年（1749年）《祠堂规约碑》规定："禁修整竹木，造作各器。"

　　此外，谭棣华、曹腾騑、冼剑民、陈鸿钧四位学者收集整理了广东部分碑刻，编有《广东碑刻集》和《广州碑刻集》。二书比较完整地登录了一些广州市生态保护的碑刻,例如,广州市白云区萝岗清道光十八年(1838年)《严禁砍伐风水树条例》、广州市白云山清光绪十二年(1886年)《严禁砍伐白云山景泰寺林木示谕碑》、广州白云区钟落潭清光绪二十四年(1898年)《禁坏山冈砧毁风水碑》等。这说明了广东生态保护的传统,展现出浓厚的天人合一和自然整体论思想。

到了近代,清朝实行闭关锁国的政策,广东省会广州是唯一的对外贸易口岸,也是中外交流的唯一窗口,其百姓思想、见识、眼界自然是最为开阔的。清朝至民国时期,韩江流域森林生态系统遭到严重破坏,导致水土流失、江河淤塞以及水患灾害频发。为此,孙中山在《上李鸿章书》《三民主义》《建国方略》《建国大纲》提出重视生态的理念。1914年广东《农林月刊》创刊起到积极宣传生态保护作用。特别是孙中山提倡设立植树节后,广东生态保护走在前列。广东籍林学家凌道扬关注林业与学术的推广活动,1917年发起创建中华森林会。1924年广东省省长杨庶堪定每年4月5日为植树节。后来,为了纪念孙中山,将其逝世日3月12日定为我国的植树节。1928年10月30日广东省政府颁发《广东省暂行森林法规》等。

广东作为最早开放的省份,改革走在全国前列。以习仲勋为代表的广东改革开放开创者与先行者们敢闯敢试、敢为人先,在城市开展"三来一补"经济活动,在农村以家庭联产承包责任制为抓手,"杀出一条血路"。中央领导重视广东改革经验总结,尤其是经济特区的做法,得到了邓小平的肯定。党中央、国务院批准《广东、福建两省会议纪要》,同意广东以"经济特区"建设为抓手发展经济。多位国家领导人先后到在我国改革开放中得风气之先的广东调研,并提出了系列重要理论:江泽民提出了"三个代表"重要思想;胡锦涛提出要坚持科学发展观;习近平对广东发展提出从"三个定位、两个率先"到"坚持党的领导、坚持中国特色社会主义、坚持新发展理念、坚持改革开放"的四个坚持等要求。

生态兴则文明兴。以污染环境为代价的发展方式，虽然表面上带来经济繁荣，但其实是对环境、经济、社会可持续发展的破坏，这种野蛮的经济增长方式透支了将来发展的潜力。如今，我们已清醒地认识到，当发展与生态环境保护发生冲突时，必须把保护生态环境作为优先选择，决不能以牺牲环境为代价去换取一时的经济增长。党的十八大以来，以习近平同志为核心的党中央将生态文明纳入"五位一体"总体布局，以习近平生态文明思想形成了关于生态文明建设的科学完整的理论体系。习近平总书记顺应时代潮流和人民意愿，站在坚持和发展中国特色社会主义、实现中华民族伟大复兴中国梦的战略高度，深刻回答了为什么建设生态文明、建设什么样的生态文明、怎样建设生态文明等重大理论和实践问题，系统形成了习近平生态文明思想，有力指导生态文明建设和生态环境保护取得历史性成就、发生历史性变革。

党的十九大、二十大都明确了到21世纪中叶把我国建设成富强民主文明和谐美丽的社会主义现代化强国。广东作为工业发达的省份，同样也重视生态文明建设，在市县国家生态文明建设示范区做出自己的探索。特别是党的十八大以来，广东将生态文明建设摆在全局工作突出位置，以绿美广东生态建设为引领，深化山水林田湖草沙系统治理，协同推进减污降碳，以高水平推动高质量发展，让绿色成为高质量发展的鲜明底色。广东致力于探索一条经济建设与生态保护协调发展之路，颁布了全国第一部省级环保条例《广东省环境保护条例》，在全国率先实施环保实绩考核制度，全面实行生态文明建设考核，大力推动产业结构、能源结构的调整。在国家无废城市、国家森林城市群、大气污染防治先行示范区、流域污染联防联治协作机制等方面打造靓丽的名片。这些举措促进了广东省森林公园、湿地公园、自然保护区等自然保护地稳步增长，森林蓄积量增长，使广东已成为全国最"绿"省份之一。

　　无论怎么研究生态文明都不为过，课题组经过两年多调研，几易其稿，略有成果。《广东生态文明建设研究》以时间为线索，系统梳理广东生态文明建设情况，通过去粗取精提炼其亮点与创新做法，为广东的现代化建设走在全国前列夯实理论与实践研究基础。通过对习近平生态文明思想的历史溯源，探析广东在其体系中的历史贡献，总结广东生态文明建设示范的实践、使命、意义，推动广东环境治理现代化体系建设。

导　言

　　2020年，广东人均GDP已超过1.2万美元，经济幸福指数已达到中等发达国家经济水平，但人居环境幸福指数还处于发展中国家水平。2022年3月，在新华社联合百度发布的《大数据看2022年全国两会关注与期待》一文中，广东的生态文明指标位列全国第四位。作为经济相对发达地区，广东的老百姓对优质生态环境服务的需求明显更高，面对这一形势，如何实现"民有所呼、我有所应"，如何科学地为广大人民群众提供更优质的生态产品，目前尚无经验可循。2020年10月，中共中央总书记、国家主席、中央军委主席习近平考察广东时强调，"要坚决贯彻党中央战略部署，坚持新发展理念，坚持高质量发展，进一步解放思想、大胆创新、真抓实干、奋发进取，以更大魄力、在更高起点上推进改革开放，在推进粤港澳大湾区建设、推动更高水平对外开放、推动形成现代化经济体系、加强精神文明建设、抓好生态文明建设、保障和改善民生等方面展现新的更大作为，努力在全面建设社会主义现代化国家新征程中走在全国前列、创造新的辉煌"。^①广东作为全国经济发达区和经济先行区，以及工业水平较高的省份，在生态文明建设上先行先试，坚

---

　　①　《习近平在广东考察时强调　以更大魄力在更高起点上推进改革开放　在全面建设社会主义现代化国家新征程中走在全国前列创造新的辉煌》，新华网，2020年10月15日。

持绿色生态省战略建设先行先试，坚持生态优先、绿色发展，统筹山水林田湖一体化建设，推进幸福广东评价指标体系的建设。

习近平生态文明思想来源于马克思主义生态观、中国优秀传统文化、建设中国式现代化道路理论实践。其重要理念指导着中国社会主义强国建设，如"五位一体"总体布局中的生态文明建设；新时代坚持和发展中国特色社会主义基本方略中的坚持人与自然和谐共生；新发展理念中的绿色发展理念；三大攻坚战中的污染防治。概括地说，习近平生态文明思想诠释了生态和谐论、发展论、改革论、共享论等，其科学内涵已经深入全党、全国、全社会的方方面面。

建设生态文明，是关系人民福祉、关乎民族未来的长远大计。自古以来，植树文化传统，可追溯至夏禹时代，近代孙中山提倡植树，毛泽东提倡"绿化祖国"、邓小平提倡"植树造林，绿化祖国，造福后代"、江泽民提倡"可持续发展战略"、胡锦涛提倡"生态文明"、习近平提倡"美丽中国"，这无不体现"人与自然和谐共生"理念。

前人栽树，后人乘凉。广东省在深入学习贯彻习近平生态文明思想和习近平总书记对广东系列重要讲话、重要指示批示精神的基础上，以全面贯彻党的二十大精神以及学习习近平新时代中国特色社会主义思想为契机，牢固树立"绿水青山就是金山银山"理念，以完善生态文明制度体系为重点，深入推进绿色转型发展，着力解决突出环境问题，持续加大生态系统保护力度，加快改善城乡人居环境，大力倡导绿色低碳生活方式等。

广东持续自我加压，围绕生态文明建设示范实践进行研究。各地积极探索，扎实推进。例如，深圳在完善要素市场化配置、深化创新链和产业链发展的体制机制改革、优化营商环境、塑造开放型经济体制、创新民生服务供给体制、优化生态环境和城市空间治理体制等重点领域先行先试，实现了原来的全国生态市县到国家生态文明建设示范市县的转变，这体现了深圳生态文明改革的精神。以建好生态区理念为引领，2018年国家验收广东省梅州市、韶关市国家生态文明先行示范区，2022年底广东有8个国家生态文明建设示范市、20个国家生态文明建设示范县、7个"绿水青山就是金山银山"实践创新基地。

只有始终把解决广大人民群众关心的突出环境问题解决好，将生态文明建设放在经济社会发展的突出地位，才能保证广东的发展方向不偏、动力不减。做好大气污染防治先行示范区以及国家森林城市群、国家低碳省、"无废城市"建设及污染地块环境监管国家试点工作。

2022年12月8日，中国共产党广东省第十三届委员会第二次全体会议通过《中共广东省委关于深入推进绿美广东生态建设的决定》：坚定不移践行新发展理念，坚持山水林田湖草沙一体化保护和系统治理，全方位、全地域、全过程加强生态文明建设，深入实施绿美广东生态建设"六大行动"，精准提升森林质量，增强固碳中和功能，保护生物多样性，构建绿美广东生态建设新格局。坚持良好生态理念为广东在全面建设社会主义现代化国家新征程中走在全国前列，努力推动生态优势转化为发展优势，建设高水平城乡一体化绿美环境，为广东未来创造新的辉煌提供支撑。为未来做规划，到2027年底，绿美广东生态建设取得进展，全省完成林分优化、森林抚育"两个提升"1000万亩的目标，绿色惠民利民成效更加突显，全域建成国家森林城市，率先建成国家公园、国家植物园"双园"之省；到2035年，建成人与自然和谐共生的绿美广东样板，完成林分优化提升1500万亩、森林抚育提升3000万亩，混交林比例达到60%以上的目标；森林结构更加优化，多树种、多层次、多色彩的森林植被成为南粤秀美山川的鲜明底色；打造广东天蓝、地绿、水清、景美的生态名片。

目 录
C ontents

第一章

习近平生态文明思想概述

一、习近平生态文明思想的理论与实践来源

2023年8月15日习近平在首个全国生态日之际作出重要指示："全社会行动起来，做绿水青山就是金山银山理念的积极传播者和模范践行者。"①众所周知世界环境日为每年的6月5日，表达了人类对美好环境的向往和追求，代表了世界各国人民对环境问题的认识和态度，也是联合国提高全球环境意识、促进政府对环境问题的关注的工具。2023年十四届全国人大常委会第三次会议通过决定，将8月15日设立为全国生态日。2023年首个全国生态日主场活动在浙江省湖州市举行，活动主题为"绿水青山就是金山银山"。这表明中国政府落实联合国的环境保护的责任与担当，反映了中国人民对美好环境的向往、追求与态度。

习近平生态文明思想深入人心。2005年，时任浙江省委书记的习近平提出了"绿水青山就是金山银山"的科学论断，这一重要论断成为推进浙江省生态文明建设的重要指导理念。党的十九大报告将其上升为全党的意志。党的十九大报告指出，"坚持人与自然和谐共生。必须树立和践行绿水青山就是金山银山的理念，坚持节约资源和保护环境的基本国策"。②习近平生态文明思想通过把建设美丽中国摆在强国建设、民族复兴的突出位置，以高品质生态环境支撑高质量发展，加快了推进人与自然和谐共生的现代化建设。习近平生态文明思想最重要的一点在于，不以牺牲生态环境为代价换取经济的一时发展，坚持可持续发展，

---

① 《习近平在首个全国生态日之际作出重要指示强调　全社会行动起来做绿水青山就是金山银山理念的积极传播者和模范践行者》，新华网，2023年8月15日。

② 习近平：《决胜全面建成小康社会　夺取新时代中国特色社会主义伟大胜利——在中国共产党第十九次全国代表大会上的报告》，《人民日报》2017年10月28日。

统筹兼顾经济发展，为新时代环境保护指明了出路。

（一）习近平生态文明思想的理论来源

1. 马克思主义生态观

生态文明，追求人与自然的和谐共生，以促进人的全面发展与社会的持续繁荣为基本宗旨，是全人类的理想社会形态。虽然在马克思恩格斯的文献中没有明确对生态文明概念下定义，但马克思的论著中有很多关于生态思想与观点的描述，可被视为对人类的栖息地自然的关注。作为研究自然、社会和人类发展规律的理论体系，马克思主义经典作家的论著不仅阐述了人与自然、人与人、人与社会的发展规律，而且还论证了个体、自然与社会和谐发展的共生关系。

（1）马克思恩格斯的生态观及其影响

生态兴则文明兴，生态衰则文明衰。马克思早在1866年在观察资本主义国家发展，特别是英国的发展时就有预见地指出："不以伟大的自然规律为依据的人类计划，只能带来灾难。"①在农业文明时代，人类对改造自然工具的能力有限，对自然的认知力与影响力很弱，人与自然存在"低层次"基本和谐，人只能被动适应自然；在工业文明时代，随着机器生产与科技广泛应用，人有机会摆脱自然的束缚，人的改造能力大，做法十分粗犷。资本对自然掠夺性的大规模开发，导致人类生态危机事件频发。面对发展瓶颈与困境，人类开始总结摆脱危机的方法，提出人与自然和谐发展的口号。生态环境保护是功在当代、利在千秋的事业。纵观古今中外，类似的案例不胜枚举。恩格斯在《自然辩证法》写道："美索不达米亚、希腊、小亚细亚以及其他各地的居民，为了得到耕地，毁灭了森林，但是他们做梦也想不到，这些地方今天竟因此而成

---

① 《马克思恩格斯全集》第31卷，人民出版社1972年版，第251页。

为不毛之地。"①《自然辩证法》是研究自然界和自然科学的辩证法问题的重要著作。虽然是恩格斯1873—1882年撰写的一部未完成的手稿，由论文、札记和片断等组成，但其保护生态环境思想内涵深刻。他深刻指出："我们不要过分陶醉于我们人类对自然界的胜利。对于每一次这样的胜利，自然界都对我们进行报复。"②资本主义早期野蛮、掠夺式的生产方式，首先对自然造成伤害，同时也对人与社会发展造成影响。资本的反生态性决定了资本主义经济发展的囚徒困境，其必然背离可持续的绿色发展道路，必定会造成环境的恶化和自然的异化，并最终遭到自然环境的报复。

马克思在《1844年经济学哲学手稿》中提出了自然界是"自然界就它本身不是人的身体而言，是人的无机的身体"③的观点，强调人与自然的有机联系。人作为自然界一个组成部分的客体，其决定了人要把自己当作自然界的一员，融入自然界，而不应该以自然的统治者、征服者自居。但人毕竟是可以改造、创造、设计生产工具的灵长目，可以通过利用工具的生产实践改造自然。自然界对于人类来说是可以改造的对象，也就显示出了它存在的社会价值。可以说，人类通过自身的生产实践活动与自然界形成了紧密联系，进而构成了一个人与自然相互依存、相互联系的整体，这是马克思主义的重要观点之一。

也正因为此，追求人与自然和谐相处，是人类通往更高级的文明形态所追求的目标。生态文明代替工业文明已成为人类社会发展的必然趋势。生态文明社会是人类文明发展一个崭新的阶段，即工业文明之后的文明形态；生态文明是人类遵循人、自然、社会和谐发展这一客观规律而取得的物质与精神有机融合发展成果的总和。人类在经济社会活动

---

① 《马克思恩格斯选集》第4卷，人民出版社1995年版，第383页。
② 《马克思恩格斯选集》第4卷，人民出版社1995年版，第383页。
③ 《马克思恩格斯全集》第42卷，人民出版社1979年版，第95页。

中，遵循自然发展规律、经济发展规律、社会发展规律、人类发展规律，积极改善和优化人与自然、自然与社会之间的关系，最终实现人与社会的可持续发展。其所作的全部努力和所得的全部成果，都是为了有利于全人类的发展。

（2）列宁的生态观及其影响

"我憎恨把人同自然界分割开来的唯心主义，我并不以自己依赖于自然界而感到可耻"。[①]列宁继承和发扬了马克思恩格斯所提倡的人与自然相互依存、相互联系的生态观，提倡人与自然实现"双重和解"，反对割裂人与自然统一关系的唯心主义自然观。列宁阅读《费尔巴哈文集：宗教本质讲演录》的有关生态文明感想的心得，辩证看待了人与自然的关系。列宁对此不仅在理论上进行了探索，还在实践上进行了探索。

低生产率与落后技术是俄国当时工业的显著特征。列宁认为："俄国自农奴获得解放后的半个世纪内，铁的消费增加了4倍，但是俄国依然是一个难以置信的空前落后、贫穷和半野蛮的国家。"[②]尽管1861年俄国农奴制度改革后，俄国资本主义工业很快发展，其基础工业增长迅速。但俄国整体工业相对西欧落后，并且这种增长速度是以牺牲环境和资源的浪费为代价。在1913年，俄国工业产量只占世界工业产量的2.6%，在机器制造工业方面，俄国更是落后于西欧各国。列宁面对俄国落后的实际情况，急于要普及推广先进的科学技术，改造落后社会的心情迫切。首先，把先进的科学技术应用到工农业各部门，提高劳动生产率，促进生产力提高，生产更多合格产品；其次，积极培养科技人才，为产业协调发展做贡献。

---

① 《列宁全集》第55卷，人民出版社1986年版，第39页。
② 《列宁全集》第19卷，人民出版社1986年版，第287页。

十月革命后，面对西方社会的封锁包围、外国武装干涉、国内战争压力，苏联国内陷入粮食危机和叛乱。为了克服经济社会的困难与危机，巩固新生的苏维埃政权，列宁主张通过节约资源来为发展社会主义作积累，"合理地和节省地使用国内一切物质资源"①。如果不能合理利用自然资源，苏联可能继续面临生产力浪费和社会资源枯竭。苏维埃政权采用新的方式来发展经济，有计划、有步骤地发展工业，避免社会化生产的盲目性与浪费。特别是利用相对稳定与安定的环境，积极吸收西方社会的科技转移支付，为新生的苏维埃政权发展服务。

俄国苏维埃政权成立以来，积极贯彻列宁生态观。其就对野生动物保护持积极的立场。1919年，苏俄颁布了《待猎期与猎枪持有权法令》，1920年又颁布了《狩猎法》，随后苏联人民委员会和中央执行委员会又联合颁布了《关于苏联渔业生产组织原则》的决议，均为保护和合理利用苏联陆地动物和水生资源提供了法制保障，为苏俄的生态保护奠定了立法基础。1919年，俄罗斯联邦人民委员会颁布了《居住区卫生保护法》，首次提出用立法的形式保护大气层，以避免人类遭受有害气体物质的污染；借鉴发达资本主义国家治理生态文明的成果，十分重视城市及其他居住点区域的卫生状况。苏联颁布相关法律法规，提出环境保护人人有责的口号，改善生活方式，加强人们对自然环境的敬畏与责任心培养。如果不合理利用自然资源，人类会面临资源、劳动力、生产力的浪费和枯竭。列宁对苏联20世纪初的生态保护发挥了重要作用，但其生态建设思想因其执政时间的短暂而未能深入贯彻。根据有关统计："1980年苏联每生产1卢布的国民收入所消耗的电比美国多20%，钢用量多90%，石油用量多100%，水泥用量多80%。"②

---

① 《列宁全集》第36卷，人民出版社1986年版，第415页。

② 江流、徐葵、单天伦主编：《苏联剧变研究》，社会科学文献出版社1994年版，第66页。

十月革命后，苏联就注意到了自然环境的保护问题，但斯大林模式管理下没有继续坚持列宁生态观，始终未能解决好人、社会与自然的关系，人为、强力推行改造自然，不仅造成生产浪费严重，还对环境造成破坏。特别是在斯大林的倡议下，1948年10月，苏联部长会议和苏维埃中央委员会通过了"向旱灾宣战"的《关于为保障苏联欧洲部分草原和森林草原地区高产及稳产，营造防护林、实行草田轮作、修建水库和池塘的计划》。其出发点是好的，但在活动中出现了指导思想上的失误。李森科作为防护林现场保护造林管理局技术委员会的负责人，提出"簇状法"植树——将5~6棵树苗栽到同一个树坑里，按照竞争原理，优胜劣汰，保留最强壮的树苗。其方法并没有经过科学实践检验，但无奈苏联政府迷信李森科的权威，1949年苏联部长会议宣布："不论地形气候，不论湿润干燥，各地都必须按相应规范、一律以簇状法栽种橡树林带。"一刀切的结果就是造成大量树苗死亡。截至1951年，苏联原有的128个自然保护区因被迫关闭而减少到40个，生态环境保护事业遭遇重大冲击。赫鲁晓夫上台后，苏联在20世纪50年代后半期开始重视保护环境。在1957年至1963年各加盟共和国先后通过专门的自然保护法背景下，1960年10月27日苏联通过《自然保护法》。这是世界各国现代环境立法中最早的一部环境保护基本法。1969年，苏联政府颁布了关于全苏及各加盟共和国保护健康的法律原则，提到要把防止大气污染同保护人类健康以及保证给居民提供优雅的卫生环境结合起来。

20世纪70年代以后苏联加强了生态保护工作，1972年通过《关于加强自然保护和改善自然资源利用的决议》，1978年通过《关于加强自然保护和改善自然资源利用的补充措施的决议》。1980年6月，苏联最高苏维埃颁布了《大气保护法》和《动物保护利用法》，这两项法令从实质上体现了苏联结束了为保护和利用各种自然资源而进行的全国性法典编纂活动。1986年切尔诺贝利核电站核泄漏，给苏联乃至全人类都造成巨大的生态灾害，严重影响着苏联人民的生活和社会经济的可持续发展，也给中国的生态文明建设提供了反思与借鉴。

2. 中国优秀传统文化生态观及其影响

在西方语言体系中，"文明"一词来源于古希腊"城邦"的代称，延伸意思是城市的居民。这也是黑格尔研究市民社会的原因之一。中华文明也积淀了丰富的生态智慧。《周易》里说："见龙在田，天下文明。"《周易正义》认为"见龙在田"，时舍也。"见而在田，必以时之通舍"者，经唯云"时舍"也；"舍"是通义也。在现代汉语体系中，文明指一种社会进步状态，与"野蛮"一词相对立。唐代孔颖达疏："天下文明者，阳气在田，始生万物，故天下有文章而光明也。"孔颖达注疏《尚书》将"文明"解释为："经天纬地曰文，照临四方曰明。""经天纬地"意为改造自然，属物质文明；"照临四方"意为驱走愚昧，属精神文明。

生态伦理思想本来就是中国传统文化的主要内涵之一，也是习近平生态文明思想来源之一。中国道家自古以来就有"天人合一""道法自然"的思想；还有"劝君莫打三春鸟，儿在巢中望母归"的经典诗句，以及"一粥一饭，当思来处不易；半丝半缕，恒念物力维艰"的治家格言。以上这些都蕴含着中国古人质朴睿智的生态自然观，至今仍给我们深刻警示和启迪。因此，中华传统文明的滋养，为当代中国开启了尊重自然、面向未来的智慧之门。

习近平总书记敏锐地关注到中国优秀传统文化，他曾鲜明指出：生态文明建设事关中华民族永续发展和"两个一百年"奋斗目标的实现，保护生态环境就是保护生产力，改善生态环境就是发展生产力。习近平总书记先后提出"人与自然是生命共同体""山水林田湖草沙是不可分割的生态系统""共同构建地球生命共同体"等概念，这是对马克思主义生态文明思想的创新。其核心要义在于：要节制对自然资源、能源的掠夺性索取；要"恩泽鸟兽，惠及子孙"；要在追求人与自然和谐共生的过程中实现人类社会的可持续发展。人与自然生命共同体理念，以人与自然关系的整体性为视角，以实现人与自然和谐共生为主要目标，从认识论层面超越了人与自然主客二分的观念，实现了马克思主义人与自然关系理论上与实践上的创新发展。

3. 社会主义核心价值观及其影响

社会主义核心价值观是当代优秀传统文化的体现。2015年，中共中央、国务院《关于加快推进生态文明建设的意见》指出："积极培育生态文化、生态道德，使生态文明成为社会主流价值观，成为社会主义核心价值观的重要内容。"该意见首次将生态文明纳入社会主义核心价值体系，为我国生态文明建设的价值观层面指明新的方向。在生态全球化背景下，追求中国梦的实现，以提升国格文明、社会格文明、人格文明综合素质，以生态文明、产业文明为发展方向。2017年10月18日，在党的十九大报告中，习近平总书记指出，要"培育和践行社会主义核心价值观"，"要以培养担当民族复兴大任的时代新人为着眼点，强化教育引导、实践养成、制度保障，发挥社会主义核心价值观对国民教育、精神文明创建、精神文化产品创作生产传播的引领作用，把社会主义核心价值观融入社会发展各方面，转化为人们的情感认同和行为习惯"。[①]

"富强、民主、文明、和谐"，不仅是社会主义核心价值观的体现，更是我国社会主义现代化国家建设的目标。文明是社会进步的重要标志，也是社会主义现代化国家的重要特征。中华民族生态文明发展模式是中华民族从人类世界历史生态、文化生态和现实生态出发，在生态全球化背景下，以提升人格文明、生态文明、产业文明为发展方向。

––––––––––––

① 习近平：《决胜全面建成小康社会　夺取新时代中国特色社会主义伟大胜利——在中国共产党第十九次全国代表大会上的报告》，《人民日报》2017年10月28日。

"富强、民主、文明、和谐"是从价值目标层面对社会主义核心价值观基本理念的凝练，在社会主义核心价值观中居于最高层次。提倡生态文明也是保护自然环境、推动人类与自然和谐共生的建设。随着生态文明制度体系的构建，公众参与制度正日益完善，公众将作为生态保护的主体参与生态保护工作中，具体包括参与法律的制定、监督法律的实施等。以文明理念引导来反映公民的社会存在，建立社会公众诚信信仰及其相应的伦理精神，通过民主法制秩序促进和谐社会建设，让社会各阶层利益公开自由地表达权利以期让社会真理能够真实的公共表达。

"自由、平等、公正、法治"，是对美好社会的生动描绘，也是从社会层面对社会主义核心价值观基本理念的凝练。生态文明建设的出发点，是要实现经济社会的可持续发展，让人们在保护自然环境的前提下获取更多的发展福利。以发展法治、优化体制、优化结构，促进公民意识和认知水平。党的十八大以来，我国的生态文明建设已经步入制度化、法治化的轨道，出台并完善了一系列的法律法规。相关的执法部门应严格落实主体责任，发挥出法律法规抑恶扬善的双面效果，真正做到守法者受益、违法者受罚。

"爱国、敬业、诚信、友善"，是公民基本道德规范，也是从个人行为层面对社会主义核心价值观基本理念的凝练。将生态文明建设列为国家重点战略，以绿色发展理念促进文明产业化高质量发展；将可持续发展战略放在优先位置，来提高国家在国际社会中的应对能力。提倡爱岗敬业，通过社会化生产合格的产品，来报效国家与社会。提升友善人格培育在国民教育中的地位，提高公民参与公共事物中的群体智慧能力。

4. 走中国式现代化道路实践

中国式现代化，是中国共产党领导的社会主义现代化，既有各国现代化的共同特征，更有基于自己国情的中国特色。中国式现代化是人口规模巨大的现代化，是全体人民共同富裕的现代化，是物质文明和精神文明相协调的现代化，是人与自然和谐共生的现代化，是走和平发展道路的现代化。[①]中国通过将可持续发展战略放在优先位置，共同推动人类命运共同体建设，落实2030年议程；与国际社会携手应对气候变化、加强生物多样性保护，推动COP15第二阶段会议取得积极成果；与发展中国家开展三方合作，走出生态文明发展的国家发展道路。从西方国家现代化的历程来看，现代化与工业文明相伴而生，在实现生产力快速发展的同时付出了巨大的生态环境代价。在20世纪60年代以前，全世界长期流行着——"向大自然宣战""征服大自然"的口号。大自然是人们征服与控制的对象，而非保护并与之和谐相处的对象。1962年，《寂静的春天》一书问世，历经时代而不衰，打响西方有识之士制止利用现代科学手段破坏环境行为的第一枪。蕾切尔·卡森记录了美国农业部大量使用DDT等剧毒杀虫剂给环境、人类所带来的诸多负面影响，引发了美国社会乃至全世界对环境保护问题的关注。各种环境保护组织应运而生，推动了现代环保主义的发展。1972年，美国环保运动先驱组织、著名的"罗马俱乐部"出版了里程碑式的报告《增长的极限》，给西方的传统粗放式发展模式敲响了警钟，并预言世界将面临生态崩溃的风险，在联合国推动下掀起了世界性的环境保护热潮。2012年，乔根·兰德斯在持续跟踪研究的基础上，形成了罗马俱乐部最新权威报告——《2052：未来四十年的中国与世界》，报告延续其一贯的生态悲观主义判断，唯独对中国的发展道路和前景抱以乐观期待。

中国共产党对生态文明建设的重视是一个逐步清晰的过程，"生态文明建设"的地位也是逐步提高，不断发展完善。

---

① 习近平：《高举中国特色社会主义伟大旗帜　为全面建设社会主义现代化国家而团结奋斗——在中国共产党第二十次全国代表大会上的报告》，《人民日报》2022年10月26日。

（1）起步阶段

中华人民共和国成立初期，党提出"一定要把淮河治理好"，开启了四大水利工程的治理——海河工程、荆江分洪工程、官厅水库工程和治理黄河工程。据统计，1949年到1952年，中国修建排水管沟1037公里，清除垃圾约2000万吨。在广东，不少地方在中华人民共和国成立之初开始重视生态建设。例如，江门市台山县田美村，由于该村人多地少，1954年该村成立农业生产合作社后，社员就组织到距村43里的荒山区进行开垦，经过一段时间的努力，开垦出了部分水田、旱地，解决了当地剩余劳动力出路和增加社员收入问题。毛泽东高度重视水土保持工作，他指出："必须注意水土保持工作，决不可以因为开荒造成下游地区的水灾。"①1956年1月，毛泽东在修改《一九五六年到一九六七年全国农业发展纲要（草案）》时指出："在垦荒的时候，必须同保持水土的规划相结合，避免水土流失的危险。""从1956年开始，在12年内，绿化一切可能绿化的荒地荒山，在一切宅旁、村旁、路旁、水旁以及荒地上、荒山上，只要是可能的，都要求有计划地种起树来。"②1956年3月，毛泽东就提出了"绿化祖国"这个口号。1957年林业部颁发《国营林场经营管理办法》。1958年中共中央、国务院印发《关于在全国大规模植树造林的指示》。1958年8月，在北戴河召开的中共中央政治局扩大会议中，毛泽东强调，"要使我们祖国的河山全部绿化起来，要达到园林化，到处都很美丽，自然面貌要改变过来"。③1964年3月30日，毛泽东在听取陕西、河南、安徽三省负责人汇报工作时，提出要用愚公移山精神搞绿化，指出："前几年你们说一两年绿化，一两年怎么能绿化了？用二百年绿化了，就是马克思主义。先做十年、十五年规划，'愚

---

① 《毛泽东文集》第6卷，人民出版社1999年版，第466页。
② 《建国以来毛泽东文稿》第6册，中央文献出版社1992年版，第4页。
③ 《毛泽东论林业》（新编本），中央文献出版社2003年版，第51页。

公移山'，这一代人死了，下一代人再搞。"无论是在革命战争岁月，还是在和平建设时期，毛泽东都高度重视植树造林，强调加强祖国的绿化事业。从历史与现实的比较中，我们可以看到，毛泽东对祖国的绿化事业有清醒认识，认为这是一项应当长期坚持的艰苦事业。毛泽东在修改《关于人民公社若干问题的决议》时曾大胆设想，全国18亿亩耕地，实行"三三制"，即三分之一种农业作物，三分之一种草，三分之一种树，美化全中国。

比如河北塞罕坝机械林场的建设。中华人民共和国成立初期，北京只有32万亩残次林，到处是荒山秃岭。据数据显示，1950年北京的森林覆盖率只有1.3%。早年，塞罕坝曾是清王朝木兰围场的一部分，同治年间开围放垦，致使千里松林被砍伐殆尽。到中华人民共和国成立之初，过去的原始森林已变成高原荒丘。1961年，林业部决定在河北北部建立大型机械林场，并选址塞罕坝。1962年，来自全国18个省市区的127名大中专毕业生奔赴塞罕坝，与当地林场242名干部职工一起，组成一支平均年龄不足24岁的创业队伍，开始了战天斗地的拓荒之路。一代人接着一代人干。到20世纪80年代，塞罕坝人完成造林96万亩，总量3.2亿多株，沙地南侵的步伐戛然而止。党的十八大以来，塞罕坝最后近9万亩石质荒山，也披上绿衣。塞罕坝机械林场的森林覆盖率由建场初期的11.4%提高到如今的82%，为京津冀地区构筑起一道绿色屏障。三代人，河北省塞罕坝林场建设者们，听从党的召唤，用青春与奋斗，创造了从荒原变林海的"人间奇迹"，以实际行动诠释了"绿水青山就是金山银山"的理念，铸就了"牢记使命、艰苦创业、绿色发展"的塞罕坝精神。

1966年毛泽东提出"美化全中国"就是美化我国人民劳动、工作、学习和生活的环境。[①]1971年《全国林业发展规划（草案）》通过。1972

---

① 陈晋：《"美化全中国"——毛泽东关于保护、改善和美化自然环境的论述片识》，《文艺理论与批判》2013年第6期。

年，中国政府派出代表团参加联合国人类环境大会。1973年8月，中国共产党召开了第一次全国环境保护会议，拉开了我国环境保护事业的序幕。会议通过了《关于保护和改善环境的若干规定（试行草案）》，其中对"植树造林，绿化祖国"提出了具体要求：各地区要制定绿化规划，落实有关政策，国家植树造林与群众植树造林结合起来，绿化一切可能绿化的荒山荒地。城市和工矿区还要利用一切零散空地，植树种草；确定了"全面规划，合理布局，综合利用，化害为利，依靠群众，大家动手，保护环境，造福人民"的32字环境保护工作方针；制定了《关于加强全国环境监测工作意见》和《自然保护区暂行条例》；从中央到地方相继建立了环境保护机构，并着手对一些污染严重的工业企业、城市和江河进行初步治理。

（2）发展阶段

1978年，全国人大五届一次会议通过《中华人民共和国宪法》，首次将"国家保护环境和自然资源，防治污染和其他公害"写入宪法。1981年，国务院发布《关于在国民经济调整时期加强环境保护工作的决定》中，要求必须"合理地开发和利用资源""保护环境是全国人民的根本利益所在"。1982年，党的十二大明确指出，在大力发展经济的同时，要"保护生态平衡"。1983年，第二次全国环境保护会议正式把环境保护确定为我国的一项基本国策。1987年，党的十三大进一步指出，"人口控制、环境保护和生态平衡是关系经济和社会发展全局的重要问题……在推进经济建设的同时，要大力保护和合理利用各种自然资源，努力开展对环境污染的综合治理，加强生态环境的保护，把经济效益、社会效益和环境效益很好地结合起来"。①1987年，我国发布首个五年环境规划——《"七五"时期国家环境保护计划》，从此，环境保护成为国民经济与发展计划的重要组成部分。1989年12月，我国颁布《中华

---

① 《十三大以来重要文献选编》，人民出版社1991年版，第24页。

人民共和国环境保护法》，标志着我国环境保护类法律正式建立，环境保护法制化正式推行。1992年，党的十四大报告明确指出："认真执行控制人口增长和加强环境保护的基本国策……要增强全民族的环境意识，保护和合理利用土地、矿藏、森林、水等自然资源，努力改善生态环境。"[①]

（3）完善阶段

20世纪90年代，中国提出了可持续发展战略。1994年，我国发布了《中国21世纪议程——中国21世纪人口、环境与发展白皮书》，标志着中国的可持续发展思想和战略的正式确立。1996年3月，全国人大八届四次会议明确指出，把科教兴国战略和可持续发展战略作为指导我国经济社会发展总体战略。1997年，党的十五大将实施可持续发展战略写入党代会报告，明确我国经济社会发展要走可持续发展的道路，强调"正确处理经济发展同人口、资源、环境的关系"，并针对资源严重不足情况，指出要"提高资源利用效率"。中国环境保护事业进入快速发展时期。2002年，党的十六大提出"可持续发展能力不断增强，生态环境得到改善，资源利用效率显著提高，促进人与自然的和谐，推动整个社会走上生产发展、生活富裕、生态良好的文明发展道路"的发展目标，将可持续发展作为全面建设小康社会的目标之一。

党的十六大以来，以胡锦涛同志为总书记的党中央，提出了树立和落实以人为本，全面、协调、可持续发展的科学发展观，指出要在"推进发展中充分考虑资源和环境的承受力，统筹考虑当前发展和未来发展的需要"，"实现自然生态系统和社会经济系统的良性循环"。2003年，胡锦涛提出了科学发展观，党的十六届三中全会正式将科学发展观上升为全党意志，要求我国经济社会发展须坚持以人为本，树立全面、协调、可持续的发展观。2006年，党的十六届六中全会通过了《中共中

---

① 《十四大以来重要文献选编》（上），人民出版社1996年版，第32—33页。

央关于构建社会主义和谐社会若干重大问题的决定》，提出了"人与自然和谐"的思想。2007年，党的十七大报告提出了实现全面建设小康社会奋斗目标的新要求，"建设生态文明，基本形成节约能源资源和保护生态环境的产业结构、增长方式、消费模式。循环经济形成较大规模，可再生能源比重显著上升……生态文明观念在全社会牢固树立。"[1]党的十七大首次提出"建设生态文明"这一概念，并强调建设社会主义和谐社会必须建立符合社会发展要求的文明形态，而生态文明就成为践行科学发展观的应有之义，是社会主义生态建设的重要内容，是建设和谐社会的基础和保障。党的十七大明确提出，要使主要污染物排放得到有效控制，生态环境质量明显改善，生态文明观念在全社会牢固树立。可见，建设社会主义生态文明，是深入贯彻落实科学发展观、全面建设小康社会的必然要求和重大任务，为保护我国的生态环境、实现可持续发展提供了指引。党的十七届五中全会明确要求"树立绿色、低碳发展理念"，要推广绿色建筑、绿色施工，发展绿色经济，发展绿色矿业，推广绿色消费模式，推行政府绿色采购等。"绿色发展"被明确写入"十二五"规划并独立成篇，表明我国走绿色发展道路的决心和信心。

（4）成熟阶段

党的十八大报告指出，"建设生态文明是关系人民福祉、关乎民族未来的长远大计。面对资源约束趋紧、环境污染严重、生态系统退化的严峻形势，必须树立尊重自然、顺应自然、保护自然的生态文明理念，把生态文明建设放在突出地位，融入经济建设、政治建设、文化建设、社会建设各方面和全过程，努力建设美丽中国，实现中华民族永续发展"。[2]党的十八大报告在党的十七大提出的"四个文明"基础上，

① 胡锦涛：《高举中国特色社会主义伟大旗帜 为夺取全面建设小康社会新胜利而奋斗——在中国共产党第十七次全国代表大会上的报告》，新华社，2007年10月24日。
② 《十八大以来重要文献选编》（上），中央文献出版社2014年版，第31页。

把生态文明建设提高到新高度，并将其纳入了中国特色社会主义建设的"五位一体"总体布局之中。可见，党的十八大将生态文明建设提升到了更高的战略层面。至此，中国特色社会主义事业的总体布局由经济建设、政治建设、文化建设、社会建设"四位一体"拓展为包括生态文明建设在内的"五位一体"，这是总揽国内外大局、贯彻落实科学发展观的一个最新部署。环保、资源节约、循环经济等概念在党的十八大报告中被纳入"生态文明"，建设生态文明成为我国社会主义发展的重要一环。

2015年，中共中央、国务院印发的《关于加快推进生态文明建设的意见》，成为党的十八大重点提及生态文明建设内容后，中央全面专题部署生态文明建设的第一个文件，生态文明建设的政治高度进一步凸显。2015年9月21日，中共中央、国务院印发《生态文明体制改革总体方案》，阐明了我国生态文明体制改革的指导思想、理念、原则、目标、实施保障等重要内容。该方案指出，加快建立系统完整的生态文明制度体系；以建设美丽中国为目标，以正确处理人与自然关系为核心，以解决生态环境领域突出问题为导向，保障国家生态安全，改善环境质量，提高资源利用效率，推动形成人与自然和谐发展的现代化建设新格局。党的十九大、二十大都明确了生态文明建设，即到21世纪中叶把我国建设成为富强民主文明和谐美丽的社会主义现代化强国。此外，2018年，十三届全国人大一次会议还通过了宪法修正案，将"生态文明"写入了宪法。

自党的十八大以来，生态文明法治建设稳步推进，不仅通过了宪法修正案，将生态文明写入宪法，而且还制定和修改了多部法律。其中有代表性的内容包括：第一，完善环境保护基本制度。修改环境保护法，用最严格的制度、最严密的法治保护生态环境，将生态文明建设必须遵循的基本理念、基本原则、基本制度以法律的形式确定下来。这部法律修改以后，其被评为"史上最严"的环境保护法。第二，修改完善污染防治法律制度。一是修改大气污染防治法，聚焦蓝天保卫战，坚持让人民群众呼吸新鲜的空气。二是修改水污染防治法，聚焦碧水保卫战，坚持让人民群众喝上干净的水。三是制定土壤污染防治法，填补了一项立法空白，聚焦净土保卫战，坚持让人民群众吃得放心、住得安心。四是修改固体废物污染环境防治法，推进垃圾分类，坚持减量化、资源化、无害化，建立长效机制。五是制定噪声污染防治法，建设和谐安宁的环境。第三，完善资源保护利用方面的法律制度。这方面的法律很多，其中有代表性的，一个是修改森林法，另一个是制定湿地保护法。第四，制定重要流域、特殊区域的生态保护法律。制定首部全国性流域法律——长江保护法，坚持生态优先、绿色发展的战略定位，突出共抓大保护、不搞大开发的基本要求。

党的二十大报告提出"推动绿色发展，促进人与自然和谐共生"，并主张"大自然是人类赖以生存发展的基本条件。尊重自然、顺应自然、保护自然，是全面建设社会主义现代化国家的内在要求。必须牢固树立和践行绿水青山就是金山银山的理念，站在人与自然和谐共生的高度谋划发展"。[①]党的十八大以来，推进生态文明建设的一个鲜明特色，就是注重发挥制度管根本、管长远的作用。相继出台《关于加快推进生态文明建设的意见》《生态文明体制改革总体方案》等宏观层面改革方案，建立生态文明建设目标评价考核、生态环境损害责任追究等中观层面制度设计，推进河（湖）长制、禁止洋垃圾入境等微观层面制度安排……生态文明顶层设计和制度体系建设，为推动生态环境保护发生历史性、转折性、全局性变化提供了制度保障。

---

① 习近平：《高举中国特色社会主义伟大旗帜　为全面建设社会主义现代化国家而团结奋斗——在中国共产党第二十次全国代表大会上的报告》，《人民日报》2022年10月26日。

建设社会主义生态文明，不同于传统意义上资本主义的污染控制和生态恢复，而是克服现有工业文明弊端，探索资源节约型、环境友好型、绿色发展道路的过程。一直以来，由于我国巨大的人口基数和庞大的经济规模，虽然针对生态环境采用了各种末端治理措施，但也难以避免遭受严重的环境影响。因此，我国要真正实现人与自然和谐相处，达到建设社会主义生态文明的目标，就需要大规模开发和使用清洁的可再生能源，实现对自然资源的高效、循环利用。而这对于尚处于工业化时期的我国来说，是一项艰巨的挑战。

（二）习近平生态文明思想形成的实践总结

2018年5月18日，习近平总书记在全国生态环境保护大会上指出："我对生态环境工作历来看得很重。在正定、厦门、宁德、福建、浙江、上海等地工作期间，都把这项工作作为一项重大工作来抓。党的十八大以来，我分别就严重破坏生态环境事件以及长江经济带'共抓大保护、不搞大开发'作出指示批示，要求严肃查处，扭住不放，一抓到底，不彻底解决绝不松手，确保绿水青山常在、各类自然生态系统安全稳定。"[1]习近平长期以来对"绿水青山就是金山银山"的理念有着深刻的认识，在福建、浙江等地工作期间，他将自己的想法付诸地方工作的实践，用行动和事实带动干部群众一起干，改变过去经济发展的老路，使绿色发展理念深入人心。

1. 发展好林业，利用好荒滩

习近平在正定里双店实行"大包干"试点后，当年农业产值就翻了一番，人均收入增加到400多元。1983年1月，正定下发了包干到户责任制办法，提出土地可以分包到户，承包后5年或更长时间不变。在经营管理上，坚持宜统则统、宜分则分的原则。"大包干"在正定全面推广，

---

① 习近平：《推动我国生态文明建设迈上新台阶》，《求是》第3期，2019年2月1日。

在河北省开创了先河。

要解决正定人多地少的矛盾，习近平认为必须向荒滩进军。正定地处冀西三大沙荒（木道沟、老滋河、神道滩）所在地，沙荒面积大，长期无人耕种，改造潜力大。习近平提出，要发展好林业，利用好荒滩。正定县研究制定了《关于放宽发展林业的决定》，在东里双公社开展试点，把河滩地经营权下放到户，且30年不变。

种植有自主权，什么卖钱种什么，大大激发了农民改造河滩地的热情。农民在沙滩里打井，修垄沟，种果树、花生、小杂粮，养猪沤肥，使沉睡了多年的荒滩空前热闹，冬闲变成了冬忙，经济效益大增，人均收入增加了一倍。①

2. 山上戴帽，山下开发

1984年，邓小平视察厦门，决定扩大厦门经济特区的范围。1985年，国务院批准将厦门经济特区范围扩大到全岛，从2.5平方公里扩大到131平方公里。1985年，习近平来到厦门特区工作，开始了他对特区建设发展的深入探索。20世纪80年代，厦门岛内很多地方毁林采石，导致环境被破坏。有些地方挖沙取土、开山取石，让山峰变成了"癞痢头"，沙滩的滩底裸露。1986年1月10日，在厦门市八届人大常委会第十八会议上，习近平说："我们要发展工业，但不能以牺牲旅游资源的代价去发展工业，不能把这个破坏掉了去建设另一个，不能作出这种代价牺牲。""保护自然风景资源，影响深远，意义重大。""岛内开采问题，能不能开，开多大，什么地方开、开采方式、保护措施这些问题由有关专家组成一个小组，进行勘查审核，提出方案，报人大审议。总的原则是：对于岛内要采取最大限度的保护，对于岛外、郊县，也要加强

---

① 程宝怀、刘晓翠、吴志辉：《习近平同志在正定》，《河北日报》2014年1月2日。

管理、规划和审批。"①习近平牵头编制的《1985年—2000年厦门经济社会发展战略》，其中专设了关于生态环境问题的专题，并将良好生态作为厦门发展战略的重要目标，明确提出厦门发展的目标定位。

1986年4月7日，习近平来到厦门最偏远的同安区的军营村和白交祠村。经过细致调研，针对山区村发展的实际，要求"村里多种茶、多种果，发展第三产业，早日脱贫致富"。②还联系县水土办提供一批广西无籽柿树苗，并指示县农办解决3万元扶贫资金修建了管理房。1997年，习近平提出"山上戴帽，山下开发"的发展思路，即因地制宜，山上植树造林，山下种果种茶，发展多种经营。现在两村山上戴帽公益林，面积达到4100亩。山下开发产业，军营村发展茶园6500亩，白交祠村茶园面积达3500亩。军营村村民高树足，返乡办起恒利茶厂，推广绿色种植、订单收购，带动周边村庄800户茶农致富。今天的军营村、白交祠村山清水秀，生态旅游，茶香扑鼻，成为厦门市民打卡的热门地。如今两村先后获得"中国最美休闲乡村""福建省美丽乡村文明建设示范村"等荣誉。两村村民已兴建民宿、农家乐90余家，床位超600个，2021年游客量更是突破70万人次。

20世纪70年代，厦门向海要地，筑堤围湖，筼筜港成了筼筜湖。到了20世纪80年代初，污水排放，垃圾遍地，成了令人望而生畏的臭水湖。1988年3月30日，厦门市政府召开"综合治理筼筜湖"专题会议，时任厦门市委常委、常务副市长的习近平主持会议，会议提出"市长亲自抓治湖"，"市财政今明两年每年拨1000万元"，并成立了筼筜湖治理领导小组。习近平创造性提出的治湖思路，总结为20字方针——"依法

---

① 《习近平同志推动厦门经济特区建设发展的探索与实践》，《人民日报》2018年6月23日。

② 中央党校采访实录编辑室：《习近平在厦门》，中共中央党校出版社2020年版，第142页。

治湖、截污处理、清淤筑岸、搞活水体、美化环境"。1988年9月，厦门市九届人大常委会第四次会议通过《关于加快筼筜湖综合整治》的提案，次年11月，厦门市政府颁布《筼筜湖管理办法》。1997年7月，厦门市十届人大常委会第三十次会议通过《厦门市筼筜湖区管理办法》，并于当年10月1日起实施。2018年《厦门市筼筜湖区管理办法》修订时，正式将筼筜湖管护纳入河湖长制实施范围。现在筼筜湖区种植红树林植物7个品种，累计种植面积约2.6万平方米。筼筜湖生物多样性不断增强。近年来，湖区累计发现游泳生物63种，浮游植物123种，浮游动物73种，底栖生物14种。

3. "森林是水库、钱库、粮库"绿色生态理念

习近平在《摆脱贫困》里指出："周宁县的黄振芳家庭林场搞得不错，为我们发展林业提供了一条思路。"[①]为什么习近平对黄振芳家庭林场印象深刻？这具有深刻的历史背景。当时全国经济过热，中央要求加强宏观调控。而当时"八山一水一分田"的闽东是"老少边岛穷"的代名词：山高路远田瘦，工业不发达，山海川岛湖林洞，交通又闭塞，处处藏"穷根"。群众只能向大自然讨生活，欠下生态债。据1987年统计，闽东森林覆盖率40.2%、绿化率55.5%，均低于全省平均水平。面对干部群众希望致富的美好愿望，带领群众"摆脱贫困"的重担摆在习近平的面前。

习近平分别在1988年7月7日、1988年11月2日、1989年1月3日到周宁县黄振芳家庭林场调研。他在与造林大户黄振芳（周宁县第一、二、三届政协委员，福建省第六届政协委员）展开"林场"对话时，敏锐发现其经营模式可复制、可推广，提出"能否在这个县推广一千户"[②]。

让百姓种树也能致富。习近平在调研中发现宁德山区多，发展林业

---

① 习近平：《摆脱贫困》，福建人民出版社2014年版，第6页。
② 中共周宁县委办公室编：《周宁信息》，第56期（总236期）1988年7月8日。

有基础，群众致富有希望，开展山海合作，大有可为。于是，他在1989年1月的地委工作会议中提出"森林是水库、钱库、粮库"①的绿色生态理念。紧锣密鼓落子闽东林业振兴蓝图，要求"苦战七年，荒山披绿装"。确保至1995年造林350万亩，实现宜林荒山绿化任务，净增有林地面积210万亩，实现全区荒山绿化程度达到70%，森林覆盖率达51%。

1989年4月宁德地区行署制定出台了《关于发展我区林业生产若干问题的意见》（以下简称《意见》），就"巩固林业'三定'成果：自留山、集体山地承包经营、集体林木承包经营、山地开发利用、控制森林资源消耗、发展食用菌原料、封山育林、林业违规的处理"等九个事关林业发展的问题作出明确规定。《意见》还特别规定"凡权属无争议的集体荒山、荒地由集体统一组织开发，也允许各种形式的联合体承包开发经营，山权不变，承包者享有经营使用权；各种形式的承包造林，林权谁造谁有，合造共有，从种到收，产权不变。""要落实好领导干部任期林业目标责任制。"②在习近平的推动下，全区层层落实林业工作责任制，层层签订造林绿化责任状，把林业工作制列入任期和年终的考核内容。同时，建立地、县（市）、乡（镇）领导造林示范点，实行科学造林，扩大工程造林面积。1989年全区共有480位党政领导带头创办造林绿化示范点514个，面积18.3万亩，有力推动全区造林绿化。全区造林专业户、重点户和联合体大批涌现，个体造林发展迅速。1990年全区造林专业户、重点户发展到7009户，造林联合体4630个，全区创办乡村林场发展到438个，经营森林面积171.82万亩，森林蓄积量达151.58万立方米。乡村林场林木集中连片，长势良好，成为闽东乡村集体后备森林资源的重要基地。

---

① 习近平：《摆脱贫困》，福建人民出版社2014年版，第110页。
② 习近平：《摆脱贫困》，福建人民出版社2014年版，第112页。

"三分种，七分养。"习近平三次在黄振芳家庭林场调研过程中，了解到黄振芳贷款还款难的事实，又有省领导指示，决定在周宁搞林权改革的试点，协调单位帮扶建立老区林场。1989年7月13日，周宁县第七届人大常委会第十二次会议通过《关于加快荒山绿化若干管理措施的规定》。[①]"地委书记习近平同志七月十六日在我区第一家有偿转让活立木市场现场会议强调指出，今后各级部门要重视加强老区和林业工作。"1989年7月15日至16日，省、地区建设委员会办公室在周宁县召开全地区第一次有偿转让活立木市场会议。议定："后洋村营林大户黄振芳自1985年以来营造的7.6公顷速生丰产林（杉木）估价12万，有偿转让地区老区办、县老区办、七步乡人民政府、后洋村委会，采取股份制经营形式，与黄振芳本人合股经营。"[②]当时想打造"地、县、乡、村、户"五级合股经营。项目114亩速生林，投资折合12万元，总共10股。在项目落地过程中，其中宁德地区、周宁县老区办出资7.2万元折合6股，宁德地区、周宁县林业局单出资1.2万元折合1股，村集体0.5股，黄振芳2.5股。经营权属于周宁国有林场，黄振芳作为"林长"参与管理。

4. 福州城市绿化

20世纪90年代初，福州市区及其所辖城市绿化覆盖率只有17%，低于全国、全省水平。1990年10月20日，习近平主持召开福州市委常委会议，研究城市绿化工作。会议讨论《福州市城市绿化五年发展规划》等文件。会议明确，狠抓五年，实现城市绿化率翻一番的任务。[③]

习近平在福州工作期间，曾主持编定《福州市20年经济社会发展

---

① 中共周宁县委党史研究室：《中国共产党周宁县历史大事记》，福建教育出版社2003年版，第142页。

② 中共周宁县委党史研究室：《中国共产党周宁县历史大事记》，福建教育出版社2003年版，第142—143页。

③ 本书编写组：《闽山闽水物华兴——习近平福建足迹》（下），福建人民出版社2022年版，第575页。

战略设想》，提出了"城市生态建设"的理念，强调要把福州建设成为"清洁、优美、舒适、安静，生态环境基本恢复到良性循环的沿海开放城市"，这是习近平首次在区域经济社会发展战略中对生态环境问题进行规划部署。此外，习近平还大力推进"绿化福州"和内河综合治理工作，倡导"见缝插绿"和"成片种树"相结合，确立"抓重点、保基础、上水平、一体化"的绿化福州工作思路。[①]

1990年5月18日，时任福州市委书记的习近平在永泰调研时指出："山上的树林、果树要管理好。你们永泰的发展方向就是绿水青山。"[②]习近平提出要"咬定青山不放松，造林种果下真功"，并为坵演村擘画了"山顶林戴帽、山中果缠腰、山下吨粮田"的农业综合立体开发蓝图。

2002年，永泰被国家环保总局批准为"全国生态示范区建设试点县"，并将全县近35%的土地面积划入生态保护红线范围，强化空间管制、容量管控、环境准入，每年用于生态保护和环境改善的支出都占到了县财政的16%～20%。2014年，永泰探索开展商品林赎买工作，并被列为全省7个重点生态区位商品林赎买工作试点县之一。截至2022年5月，全县共完成重点生态区位商品林赎买126宗，面积32 545亩，受益林农2186户、10 630人，直接增加林农收入6685万元，实现"不砍树、也致富"。

5. 福建生态省建设

"任何形式的开发利用都要在保护生态的前提下进行，使八闽大地更加山清水秀，使经济社会在资源的永续利用中良性发展"。1993年福建省试点生态补偿机制，2001年实施森林生态补偿金制度，2003年在全国率先启动流域生态补偿机制，从九龙江流域开始，随后推广到闽江流

---

① 胡熠、黎元生：《习近平生态文明思想在福建的孕育与实践》，人民网，2019年1月9日。

② 本书编写组：《闽山闽水物华兴——习近平福建足迹》（下），福建人民出版社2022年版，第575页。

域，由位于下游的厦门、福州对上游的龙岩、南平等地进行补偿。

2000年，时任福建省省长的习近平，前瞻性地提出了建设生态省的战略构想。"面对新世纪发展新形势和资源环境面临的巨大压力，要求我省创新发展思路，通过以建设生态省为载体，转变经济增长方式，提高资源综合利用率，维护生态良性循环，保障生态安全，努力开创'生产发展、生活富裕、生态良好的文明发展道路'，把美好家园奉献给人民群众，把青山绿水留给子孙后代，最终实现我省现代化建设的战略目标。"①2002年，福建《生态省建设规划纲要》出台，对福建生态效益型经济发展目标、任务和举措进行了系统谋划，提出福建省生态文明建设要在20年内总投资至少达700亿元。随后，福建成为全国首批生态省试点省份，开始建设"美丽福建"新征程。

2014年4月，国务院发布《关于支持福建省深入实施生态省战略加快生态文明先行示范区建设的若干意见》。狠抓生态文明建设，不以牺牲生态环境为代价发展经济。后发优势的重要体现的是可以学习借鉴别人的成功经验和教训，其中一个重要的经验就是不能走先污染后治理的老路子。2012年12月，福建省政府发布了《福建省主体功能区规划》，将全省划分为优化、重点、限制和禁止等四类开发区域，提出GDP不再是唯一的考核指标，将对不同主体功能区各有侧重的绩效考核评价结果作为地方党政领导班子和领导干部选拔任用、奖励惩戒的重要依据。2021年3月，习近平总书记来闽考察时强调："绿色是福建一张亮丽名片。要接续努力，让绿水青山永远成为福建的骄傲。"

6. "绿水青山就是金山银山"理念

早在1997年4月，习近平在福建三明常口村调研时，就曾指出"青山绿水是无价之宝"。面对新世纪经济发展新形势和环境资源的巨大压

---

① 段金柱、赵锦飞、林宇熙：《滴水穿石，功成不必在我——习近平总书记在福建的探索与实践·发展篇》，《福建日报》2017年8月23日。

力，习近平高瞻远瞩，极具前瞻性地提出了生态省建设的战略构想，并亲自担任生态省建设领导小组组长，开展了福建有史以来最大规模的生态保护调查，指导编制和推动实施《福建生态省建设总体规划纲要》，提出要"通过以建设生态省为载体，要经过20年的努力奋斗，把福建建设成为生态效益型经济发达、城乡人居环境优美舒适、自然资源永续利用、生态环境全面优化、人与自然和谐相处的经济繁荣、山川秀美、生态文明可持续发展的省份"。

2002年，习近平刚到任浙江，就深入基层察民情、听民意、访民忧，在118天里，跑遍了11个市，走访了25个县。2003年7月10日，习近平在省委十一届四次全会上阐释了浙江经济社会发展的八个优势，提出了浙江省指向未来发展的八项举措——"八八战略"，即进一步发挥八个方面的优势、推进八个方面的举措。提出发挥浙江的生态优势，创建生态省，打造"绿色浙江"；指引浙江改革发展和全面小康建设的总体方略中，"千万工程"成为推动生态省建设、打造绿色浙江的有效载体。在习近平的察访中，农村环境问题成为关注的重点。2004年7月26日，习近平在浙江省"千村示范、万村整治"工作现场会上强调指出："'千村示范、万村整治'作为一项'生态工程'，是推动生态省建设的有效载体，既保护了'绿水青山'，又带来了'金山银山'，使越来越多的村庄成了绿色生态富民家园，形成经济生态化、生态经济化的良性循环。"①念好"山水经"，打好"生态牌"。安吉调整产业结构，从"石头经济"向"生态经济"转型，把生态文明建设融入村经济建设、文化建设、环境建设等方面，走出一条生态美、产业兴、百姓富的绿色发展之路。2005年8月15日，习近平在浙江余村考察时，高度评价余村下定决心关闭矿区、全面走绿色发展之路的做法，指出，"我

---

① 习近平：《干在实处 走在前列——推进浙江新发展的思考与实践》，中共中央党校出版社2006年版，第162页。

们过去讲，既要绿水青山，又要金山银山。其实，绿水青山就是金山银山"。那么，如何实现这一转化？2005年8月24日，在《浙江日报》头版《之江新语》栏目中，习近平发表了《绿水青山也是金山银山》短评，"如果能够把生态环境优势转化为生态农业、生态工业、生态旅游等生态经济的优势，那么绿水青山也就变成了金山银山"。

浙江林权改革并非一帆风顺。20世纪80年代初，浙江省全面展开"稳定山权林权、划定自留山和确定林业生产责任制"的林业"三定"工作，拉开了林权改革的序幕。全省8680万亩山地、林地确定了山林权，300多万农户分到了自留山和责任山，72%的集体山林实现了到户经营。但山林均包到户，由于过于零散，曾一度出现乱砍滥伐现象。当时有主张将林权收回集体的，有坚持继续承包的。面对困惑，2002年，浙江省白沙村作为山林延包政策的试点，承包期一下延长了50年，2006年全省铺开。浙江省坚持落实林业生产责任制，实行"三权"分离，明确所有权、稳定承包权、搞活经营权，推行林业股份合作制，促进林业的集约化经营。截至2006年，浙江全省70%以上的新造林以股份合作形式开发，90%以上的乡村林场以股份合作形式兴办。全省7000多个非公有制单位投资林业，累计投资80多亿元。

主政浙江期间，习近平推动了一系列促进浙江经济社会与生态发展的举措，包括"平安浙江""绿色浙江""文化浙江""法治浙江"和海洋强省建设等。2006年5月29日，习近平在浙江省第七次环境保护大会上指出："破坏生态环境是破坏生产力，保护生态环境就是保护生产力，改善生态环境就是发展生产力，经济增长是政绩，保护环境也是政绩。"①发展是经济社会的全面发展，要做到"生产、生活、生态良性

---

① 习近平：《干在实处 走在前列——推进浙江新发展的思考与实践》，中共中央党校出版社2006年版，第186页。

互动"，习近平提出"绿色GDP"概念。

2018年9月，浙江"千万工程"获联合国"地球卫士奖"。浙江省农村生活垃圾集中处理建制村全覆盖，卫生厕所覆盖率98.6%，规划保留村生活污水治理覆盖率100%，畜禽粪污综合利用、无害化处理率97%，村庄净化、绿化、亮化、美化，造就了万千生态宜居美丽乡村，为全国农村人居环境整治树立了标杆。

正确认识"绿水青山"和"金山银山"的关系。人们对绿水青山和金山银山的认识有三个阶段：第一阶段是为了发展经济不考虑生态，用绿水青山换金山银山；第二个阶段是意识到"留得青山在，才能有柴烧"，认为二者有着不可调和的矛盾；第三个阶段是认识到"绿水青山可以源源不断带来金山银山"，"绿水青山就是金山银山"理念已经深入人心。

2013年9月，国家主席习近平在哈萨克斯坦纳扎尔巴耶夫大学发表演讲，他指出："我们既要绿水青山，也要金山银山。宁要绿水青山，不要金山银山，而且绿水青山就是金山银山。"[①]这两句话从不同角度诠释了经济发展与环境保护之间的辩证统一关系，既有侧重又不可分割，构成了有机整体。短短几句话，掷地有声，不仅向世界传达了中国绿色发展的理念，而且还坚定了中国走绿色发展之路的决心。

"坚持绿水青山就是金山银山理念，坚持尊重自然、顺应自然、保护自然，坚持节约优先、保护优先、自然恢复为主，守住自然生态安全边界。深入实施可持续发展战略，完善生态文明领域统筹协调机制，构建生态文明体系，促进经济社会发展全面绿色转型，建设人与自然和谐共生的现代化。要加快推动绿色低碳发展，持续改善环境质量，提升

---

① 杜尚泽、丁伟、黄文帝：《弘扬人民友谊　共同建设"丝绸之路经济带"——习近平在哈萨克斯坦纳扎尔巴耶夫大学发表重要演讲》，《人民日报》2013年9月8日。

生态系统质量和稳定性，全面提高资源利用效率。"①党的十九大报告提出主要矛盾转变的论断，为当代生态文明提供新遵循。群众对水质干净、食品安全、空气清新、环境优美等生态的需求提出更高的要求，从"求生存"到"求生态"，从"盼温饱"到"盼环保"，推进生态文明之路，已成为共同愿望和追求。

"绿水青山就是金山银山"理念，习近平总书记的论述将"绿水青山"放在"金山银山"前面，反映了两者之间孰轻孰重的关系。党的十八大以来，以习近平同志为核心的党中央坚持绿色发展理念，深入推动实施大规模国土绿化行动，我国累计完成造林9.6亿亩，森林覆盖率提高2.68%，达23.04%。习近平总书记以高瞻远瞩的战略眼光，通过传承中华民族传统文化、顺应时代潮流和人民意愿，站在坚持和发展中国特色社会主义、实现中华民族伟大复兴中国梦的战略高度，提出了一系列有关生态文明建设的重要论断，深刻回答了为什么建设生态文明、建设什么样的生态文明、怎样建设生态文明等重大理论和实践问题，系统形成了习近平生态文明思想，有力指导着我国的生态文明建设。自党的十八大以来，我国的生态环境保护取得历史性成就、发生历史性变革。习近平生态文明思想立意高远、内涵丰富、思想深刻，对于我们深刻认识生态文明建设的重大意义、完整准确全面贯彻新发展理念、正确处理好经济发展同生态环境保护的关系具有极其重要的指导作用，为我们坚持走生产发展、生活富裕、生态良好的文明发展道路提供了指引，对于当前我国加快建设资源节约型、环境友好型社会，推动形成绿色发展方式和生活方式，推进美丽中国建设，实现中华民族永续发展，以及实现"两个一百年"奋斗目标、实现中华民族伟大复兴的中国梦，具有十分重要的意义。

---

① 《中国共产党第十九届五中全会公报》，新华社，2020年10月29日。

二、习近平生态文明思想的内涵与时代价值

（一）中国植树造林传统的文化实践

1. 古代植树文化传统

早在舜时期即设立"虞官"，成为据载最早的"林业部长"。有关保护林木的行政法规，最早可追溯至《周书》记载："禹之禁，春三月山林不登斧，以成草木之长"。《礼记》记载："孟春之月，盛德在木"。先秦时期，就设有专门掌管国家山林的官员，称为"林衡"或"山虞"。山虞主要负责制定保护山林资源的政令，对树木的栽种砍伐进行决策。林衡归山虞领导，主要职责是巡视山林、执行禁令等。

《至言》记载："秦为驰道于天下，道广五十步，树以青松"，秦始皇统一中国后，曾下令在道旁植树，可见当时植树之盛。西汉司马迁的《史记》载："安邑千树枣；燕、秦千树栗；蜀、汉、江陵千树橘；淮北、常山已南，河济之间千树萩。"《汉书·韩安国传》记载，蒙恬"以河为境，累石为城，树榆为塞"，其受命北御匈奴时，在黄河一带构筑城塞，同时在外栽种榆树，构成另一层关塞，让匈奴骑兵到此不得不下马步行。

晋嵇含撰《南方草木状》三卷是中国目前记载植物学最早的文献之一："南越交趾植物，有四裔最为奇，周秦以前无称焉。自汉武帝开拓封疆，搜来珍异，取其尤者充贡。"该书介绍岭南地区植物，分草、木、果、竹四类，凡八十种。《三辅黄图》曰：汉武帝元鼎六年，破南越，建扶荔宫。扶荔者，以荔枝得名也。

明太祖朱元璋，人称"植树皇帝"。一登基就诏令天下："令天下广植。凡民户有田者，须种桑麻，栗枣各二百株。"仅金陵钟山等地就植桑麻五十多万棵，蔚然成风。清朝前期，也要求地方官员劝谕百姓植树，禁止非时采伐和牛羊践踏及盗窃之害。鸦片战争后，一批有识之士

提倡维新，光绪皇帝曾诏谕发展农林事业，兴办农林教育。清末洋务派首领左宗棠在督办边务时，足迹遍及祖国的大西北，沿途植柳成荫，被称为"左公柳"。新疆哈密市东西河坝两岸至今成片生长着有百余年树龄的"左公柳"。

我国古代在清明时节就有插柳植树的传统。《战国策》中就有研究栽柳技术的记载："夫柳，纵横颠倒，树之皆生。使千人树之，一人摇之，则无生柳矣。"《管子·度地》中记载，"树以荆棘，以固其地，杂之以柏杨，以备决水"，说明古人已认识到乱砍滥伐与水土流失的关系。隋炀帝曾诏令民间每种活一棵柳树，就赏细绢一匹。古人也很早就认识到植树造林的固堤作用。"持钱买花树，城东坡上栽；但购有花者，不限桃杏梅"，这是819年白居易任谛忠州（位于四川）刺史时写下的关于植树造林的诗句。822年7月，白居易调任杭州刺史时率民众筑堤植柳。"唐宋八大家"之一的柳宗元在柳州任职时，兴利除弊，十分重视种植树木，推行"柳州植柳"，他还写过一首《种柳戏题》，开头就拿自己的姓氏开涮，首联一口气用了四个柳字。

南宋诗人陆游曾写道："忽见家家插杨柳，始知今日是清明。"清明插柳之风，兴起于春秋时期，盛行于唐宋。明崇祯版广东《博罗县志》记载："清明。人家插柳于门，亦簪于首。"[①]

晋嵇含撰《南方草木状》云："末利花，似蔷蘼之白者，香愈於耶悉茗。"广东历来盛产桂花，桂花是广东具有代表性的常年开花植物之一，开花期一般为9月至11月。苏轼曾写下《桂酒颂》："大夫芝兰土蕙蕑，桂君独立冬鲜荣。"当时苏轼被贬惠州，博罗的桂花种植比较多。"有隐者，以桂酒方授吾，酿成而玉色，香味超然，非人间物也。东坡先生曰：'酒，天禄也。其成坏美恶，世以兆主人之吉凶，吾得此，岂

---

① 韩日缵纂：《博罗县志》（明崇祯本），中国文史出版社2014年版，第30页。

非天哉？'"苏轼特意将"其法，盖刻石置之罗浮铁桥之下"，希望流传下去。

宋沈括在《梦溪笔谈》中即有论述："钱塘江，钱氏时为石堤，堤外又植大木十余行，谓之'滉柱'。宝元、康定间，人有献议取滉柱，可得良材数十万。"明嘉靖年间治理黄河专家刘天和专著《植柳六法》中也总结了在堤坝植柳的方法："浚河三万四千七百九十丈，筑长堤，缕水堤一万二千四百丈，修闸座一十有五，顺水坝，植柳二百八十万株……"明崇祯版广东《博罗县志》记载：王亘，字伯通，福州人；淳祐中为博罗令，"勤于农事，修筑随龙、苏村二堤"。①元代罗里敬甫，元统中监博罗县事，"筑随龙、苏村堤"。②昌祚，永乐中知县，筑堤。赵丰中统知县，修理坡堰。

桑树成为众多植物品种中的经济林木。历朝政府亦非常重视桑树种植。《汉书》曾记载汉景帝时期诏："农，天下之本也。黄金珠玉，饥不可食，寒不可衣……其令郡国务劝农桑，益种树，可得衣食物。"桑枣等经济林木的产出能作为庄稼的补充，为百姓的衣食生活提供保障。人们在种田的同时，还会栽种桑树，以此来养蚕，纺织衣物。唐代王公以下皆有"永业田"，相当于现代的"自留地"。在永业田里必须种上一定数量的树木。唐朝还规定，凡驿站与驿站之间，都要种上道树。东晋末期陶渊明在《归园田居》中写道："羁鸟恋旧林，池鱼思故渊；开荒南野际，守拙归园田；方宅十余亩，草屋八九间；榆柳荫后檐，桃李罗堂前。"榆树和柳树遮盖着房屋后檐，桃树、李树排满在堂前。宋元时期，宋太祖赵匡胤下诏令："第一等种杂树百，每等减二十为差，桑枣半之。"根据植树多少把百姓分成五等，凡是垦荒植桑枣者，不缴田

---

① 韩日缵纂：《博罗县志》（明崇祯本），中国文史出版社2014年版，第68页。

② 韩日缵纂：《博罗县志》（明崇祯本），中国文史出版社2014年版，第68页。

租；对率领百姓植树有功的官吏，可晋升一级。元世祖忽必烈颁布《农桑之制》十四条，其中规定，每丁岁种桑、枣二十株；土性不宜者，可种榆、柳等；同时严饬各级官吏督促实施，如失职或审报不实，按律治罪。

中国古代以农立国，农本主义始终居于统治形态。清光绪时康有为公车上书，认为"民心团结，国势系于苞桑矣"。1895年4月，清朝在中日甲午战争中失败，签订了中日《马关条约》，引起全国人民强烈反对。条约之丧权辱国激怒朝野内外，从官员到举子，上书、请愿不断发生。正在北京参加会试的康有为、梁启超先在广东籍举人中串联，湖南籍举人也闻风而动。5月2日各省举人排成一里多长的队伍，把《上皇帝书》递到都察院，史称"公车上书"，以梁启超领衔组织广东举人联名上书，最终争取到了80余人签名。虽无康有为本人签名，但基本上可以认为康有为参与了这次上书行动的策划领导。不光是地方，京城里，以都察院为首，3名满汉堂官，20多名都察御史先后上奏，其余京官的主战奏折多达35封，加上各地方官的奏折，一时间堆满了都察院，朝野上下，一边倒的是反对议和的声音。在甲午战争大败之后，数十年之功毁于一旦，使得清政府认识到了维新变法已是迫在眉睫，不做出改变则大清必亡，由此才顺应民意，有了之后的戊戌变法。

从1903年至1911年，清政府先后颁发了近60种经济法规，主要涉及工商、金融、矿业、铁路等方面，其中亦包括一部分农业法规，如《推广农林简明章程》《农会简明章程》等。1906年，随着清政府新政的推广与深入，清廷对中央各部权限做了较大改组，裁撤工部，并将其并入商部，改称为农工商部。旧时隶属户部的"农桑、屯垦、畜牧、树艺等项"，工部的"各省水利、河工、海塘、堤防、疏浚"等涉农事宜，悉划归农务司管理。1907年，各直省设立劝业道。据统计，到1908年底，已设置任命了9名劝业道；1910年计已设立劝业道者直隶十八省。1909

年，农工商部奏定《推广农林简明章程》，对"公正殷实绅商召集股款、设立公司、筹办农林进行奖励"，并要求地方官"每年将所管辖境内荒地总数暨筹办开垦事件、商民林垦事件、规模如何、成绩如何"，年终列表汇报该管上司咨部。1909年，广东全省农事试验场及附设农事讲习所正式成立。

1910年9月，广东劝业道根据农工商部颁发的《推广农林简明章程》的规定及两广总督关于筹办林业的意见，广东省即由劝业道"转行各属迅饬督劝筹办具报"，由于担心报垦须缴纳费用，垦辟荒地禀报者寥寥无几。广东省的查荒方案是先勘报已垦荒地，"照章分别勘明四至丈尺，绘图划界，给照详报"，然后对未垦荒地也进行督劝垦辟后勘报。①

《推广农林简明章程》第22条，规定了垦荒和发展农林的具体办法，如将推广农林酌分官办、民办和官民合办三种方式。同时规定，可由绅商招集股款，设立公司，筹办农林。1910年，广东各地乡民纷纷创办森林股份公司：始兴县有罗坝象山公司、兴仁里陈氏公司、流田水群兴公司、成城乡联兴公司、杨公铃茂兴公司和新村维兴公司等，种杉、种松，经营山林。

《农会简明章程》共23条，规定各省必须设立农务总会，于府厅县酌设分会，其余乡镇村落市集次第酌设分所。凡一切桑蚕、纺织、森林、畜牧、渔业各项事宜，农会均可酌量地方情形，随时条陈农工商部次第兴办。章程规定，总会地方须设农业学堂和农事试验场，分会、分所地方应设农事半日学堂和农事演说场，以造就农业人才，推广农学知识。农会还有义务办理地方水利和垦殖，报告当地收成情况、粮食市价

---

① 广东省地方史志编纂委员会编：《广东省志·林业志》，广东人民出版社1998年版，第7页。

及灾情。有能"阐明农学、创制农具、改良农业、编译农书"之人，由农会向农工商部汇报，给予奖励。在农工商部的推动下，农学教育形势高涨。广东全省农事试验场及附设农事教员讲习所，改称为广东全省农林试验场及农林教员讲习所，增设林业试验区，扩大场地到320多亩，讲习所增设临时林业技术练习班，学制一年半，是广东最早的林业科研和教育机构。①

2. 现代植树文化传统

（1）孙中山提倡植树节

孙中山早在1894年的《上李鸿章书》中指出"中国欲强，急兴农学，讲究树艺"。1912年，孙中山在担任中华民国临时大总统期间，就设立了农林部，下设山林司，主管全国林业行政事务。1912年5月5日，孙中山在黄花岗首次大祭中，亲手栽植松树4株。1914年11月，中国第一部《森林法》颁布。1915年，北洋政府正式规定以每年的清明节为植树节，还通过了《植树节举行造林运动办法》，通令全国实施。1924年3月21日，广东省长杨庶堪定每年4月5日为植树节。1928年，国民政府为纪念孙中山逝世三周年，通电全国：因追念国父"特定每岁三月十二日，全国各地一致举行植树典礼"，将植树节改为3月12日。1928年10月30日，《广东省暂行森林法规》颁布。

1914年广东《农林月刊》创刊。②中国近代著名林学家、教育家广东省宝安县（今深圳）籍凌道扬，作为中国近代林业事业的奠基人和中国林学会的创始人之一，为林业保护做出贡献。凌道扬倡导推动设立森林科，致力于森林科学的研究和宣传普及工作："已有之林木，且且而

---

① 广东省地方史志编纂委员会编：《广东省志·林业志》，广东人民出版社1998年版，第7页。

② 广东省地方史志编纂委员会编：《广东省志·林业志》，广东人民出版社1998年版，第7页。

伐之，荒芜之山麓，一任若彼濯濯耳，故所谓森林，遂未之见，所谓造林，尤未之闻。时至今日，直接则实业之母材缺乏，间接则地方之保安寡赖，膏腴大陆，沦为贫瘠之邦，有心人何忍漠然置之？"1914年，凌道扬参与制定了中国第一部《森林法》，于同年11月颁布实施。1915年，凌道扬和韩安、裴义理等林学家，联名上书北洋政府农商部，倡议以每年清明节为中国植树节。1915年7月北洋政府正式下令，规定以每年清明节为植树节，并于次年在全国推行。凌道扬关注林业与学术的推广活动。1917年，他发起创建中华森林会（后易名"中华林学会"）——中国第一个林业科学研究组织。1921年，创刊《森林》（后易名《林学》）——中国有史以来第一份林业科学刊物。由于我国幅员辽阔，南北温差较大，清明节作为植树节仅对北方地区适合，对南方来说已经太晚，已经过了植树的最佳时机。当时湖南省都督谭延闿结合本地实际情况，则将每年的春分定为植树节。①

（2）毛泽东提出"绿化祖国"

在民主革命时期，毛泽东十分关注林业问题。1919年9月，他把林业问题作为要研究的实业问题之一，大力倡导种植一些宜种的树木，既可解决牧草，又可提供燃料。1928年12月《井冈山土地法》颁布，其中规定："（二）竹木山，归苏维埃政府所有。但农民经苏维埃政府许可后，得享用竹木。竹木在五十根以下，须得乡苏维埃政府许可。百根以下，须得区苏维埃政府许可。百根以上，须得县苏维埃政府许可。（三）竹木概由县苏维埃政府出卖，所得之钱，由高级苏维埃政府支配之。"这不仅解决了"山林的分配和竹木的经销"问题，也解决了自然资源保护与可持续利用问题。1932年3月16日，在中华苏维埃人民委员会第十次常委会上由毛泽东等签署通过《中华苏维埃共和国临时中央政

---

① 郑学富：《古代植树护树法规及植树节的由来》，《人民法院报》2023年3月31日。

府人民委员会对于植树运动的决议案》："中央苏区内空山荒地到处都有，若任其荒废则不甚好，因此决定实行普遍的植树运动，这既有利于土地建设，又可增加群众之利益。"①这是中国共产党和政府关于植树造林事业的第一个专门决议。一是鼓励栽各种树木，而不是单一树木；二是因地制宜，栽树时要考察某地适合某种树木；三是注意保护，禁止随意采伐。中央苏区决定在1933年的造林季节，每人种十棵树，绿化瑞金的荒山、荒岭。在各个分散的革命根据地的苏维埃政权传达贯彻，也对植树造林、保护树木做出规定。1934年1月，毛泽东在中华苏维埃第二次全国代表大会上作报告时号召：应当发起植树运动，号召农村中每人植树十株。其强调，森林的培养，畜产的增殖，也是农业的重要部分。据《红色中华》报记载，截至1934年5月，瑞金植树60.37万棵，兴国植树38.98万棵，多山的福建植树21.38万棵、种木梓种子1699斤。

抗日战争时期，陕甘宁边区政府制定了许多森林保护条例、规则，1941年颁布了《陕甘宁边区森林保护条例》《陕甘宁边区植树造林条例》《陕甘宁边区砍伐树木暂行规则》。1942年12月，毛泽东在陕甘宁边区高级干部会议上指出："发动群众种柳树、沙柳、柠条，其枝叶可供骆驼及羊子吃，亦是解决牧草一法。同时可供燃料，群众是欢迎的。政府的任务是调剂树种，劝令种植。"②1946年4月23日，陕甘宁边区第三届参议会通过了《陕甘宁边区宪法原则》，就植树造林、发展果木做出专门规定。

1949年毛泽东主持制定的《中国人民政治协商会议共同纲领》中就提出"保护森林，并有计划地发展林业"的方针。1950年5月16日《政务

---

① 《中华苏维埃共和国临时中央政府人民委员会对于植树运动的决议案》，《红色中华》1932年3月23日。

② 毛泽东：《经济问题与财政问题》，载《毛泽东选集》第3卷，人民出版社1991年版，第779页。

院关于全国林业工作的指示》发布。《毛泽东论林业》收录了毛泽东从1954年到1967年的40余篇文章、谈话、按语和批示等，极其精辟和科学的论述，印证着中国共产党人百年不变的"绿色梦想"。1955年10月11日，毛泽东在扩大的中共七届六中全会上指出："农村全部的经济规划包括副业，手工业……还有绿化荒山和村庄。我看特别是北方的荒山应当绿化，也完全可以绿化。南北各地在多少年以内，我们能够看到绿化就好。这件事情对农业，对工业，对各方面都有利。"[①]1955年12月21日，毛泽东在起草的《征询对农业十七条的意见》中指出："在十二年内，基本上消灭荒地荒山，在一切宅旁、村旁、路旁、水旁，以及荒地荒山上，即在一切可能的地方，均要按规格种起树来，实行绿化。"[②]

1956年3月18日，毛泽东在同林业部副部长李范五谈话时说："林业真是一个大事业，每年为国家创造这么多的财富，你们可得好好办哪！"[③]这一年的4月25日，毛泽东在《论十大关系》的报告中指出："天上的空气，地上的森林，地下的宝藏，都是建设社会主义所需要的重要因素"[④]。1956年，我国开始了第一个"12年绿化运动"，目标是"在12年内，基本上消灭荒地荒山，在一切宅旁、村旁、路旁、水旁，以及荒地荒山上，即在一切可能的地方，均要按规格种起树来，实行绿化"。

1958年，毛泽东对全国绿化问题更是高度关注。1月4日，毛泽东在中央工作会议上指出："绿化。四季都要种。今年彻底抓一抓，做计划，大搞。"[⑤]1月31日，在起草的《工作方法六十条（草案）》中，

---

① 《毛泽东文集》第6卷，人民出版社1999年版，第475页。
② 《毛泽东文集》第6卷，人民出版社1999年版，第509页。
③ 《毛泽东论林业》（新编本），中央文献出版社2003年版，第41页。
④ 《毛泽东文集》第7卷，人民出版社1999年版，第34页。
⑤ 《毛泽东论林业》（新编本），中央文献出版社2003年版，第44页。

毛泽东指出："绿化。凡能四季种树的地方，四季都种。能种三季的种三季。能种两季的种两季。""林业要计算覆盖面积，算出各省、各专区、各县的覆盖面积比例，作出森林覆盖面积规划。"①1958年8月，在北戴河召开的中共中央政治局扩大会议上，毛泽东指出："要使我们祖国的河山全部绿化起来，要达到园林化，到处都很美丽，自然面貌要改变过来。""各种树木搭配要合适，到处像公园，做到这样，就达到共产主义的要求。""农村、城市统统要园林化，好像一个个花园一样。"②1959年3月，毛泽东提出，实行大地园林化。1958年4月7日发布了《中共中央、国务院关于在全国大规模造林的指示》。

1963年5月27日《森林保护条例》颁布。1964年3月30日，毛泽东在听取陕西、河南、安徽三省负责人汇报工作时指出："前几年你们说一两年绿化，一两年怎么能绿化了？用二百年绿化了，就是马克思主义。先做十年、十五年规划，愚公移山，这一代人死了，下一代人再搞。"1967年9月23日，毛泽东批准下发了《中共中央、国务院、中央军委、中央文革小组关于加强山林保护管理、制止破坏山林、树木的通知》："森林是社会主义建设的重要资源，又是农业生产的一种保障。积极发展和保护森林资源，对于促进我国工、农业生产具有重要意义……县、社、队三级普遍建立和健全护林组织和护林制度。严禁乱砍滥伐，严禁放火烧山，严禁盗窃树木；不准毁林开荒，不准毁林搞副业……严格实行计划采伐，计划收购……加强木材市场管理，严禁木、竹自由交易，坚决打击投机倒把行为。"三个严禁，两个不准，尤其是不准毁林开荒，有很强的针对性。在当时的环境下，这个通知对于人民群众提高对森林重要意义的认识，从而自觉保护森林，还是发挥了积极

---

① 《毛泽东文集》第7卷，人民出版社1999年版，第361—362页。
② 《毛泽东论林业》（新编本），中央文献出版社2003年版，第51页。

作用。

1973年11月国务院发布的《关于保护和改善环境的若干规定（试行草案）》，提出了"全面规划，合理布局，综合利用，化害为利，依靠群众，大家动手，保护环境，造福人民"的方针。其中第七条规定"植树造林，绿化祖国"指出："各地区要制定绿化规划，落实有关政策，国家植树造林与群众植树造林结合起来，绿化一切可能绿化的荒山荒地。城市和工矿区还要利用一切零散空地，植树种草。园林化的构想，仍是今天我们全面建设社会主义现代化强国和社会主义新农村的努力目标。"

（3）邓小平提出"植树造林，绿化祖国，造福后代"

1978年，国务院恢复了林业部的运作，并决定实施"三北"防护林体系工程。"三北"防护林体系范围非常大，它东起黑龙江宾县，西至新疆的乌孜别里山口，北抵北部边境，南沿海河、永定河、汾河、渭河、洮河下游、喀喇昆仑山，包括新疆、青海、甘肃、宁夏、内蒙古、陕西、山西、河北、北京、天津、辽宁、吉林、黑龙江等13个省、自治区、直辖市的559个县（市、区、旗），总面积406.9万平方公里，占中国陆地面积的42.4%。防护林建设计划分三个阶段、七期工程进行，时间涵盖了1979年到2050年，规划造林5.35亿亩。预计到2050年，三北地区的森林覆盖率将由1979年的5.05%提高到15.95%。邓小平从始至终都在关心工程的进展，并于1988年对工程作出"绿色长城"的题词，以对"三北"防护林工程建设10年来的持续推进和取得成就作出评价。

1979年，国家成立了新的林业部，目的在于加快林业发展和加强对林业资源的保护。1979年2月23日，在邓小平提议下，第五届全国人大常委会六次会议决定，以每年的3月12日为我国的植树节，以鼓励全国各族人民植树造林，绿化祖国，改善环境，造福子孙后代。1979年9月，《中华人民共和国环境保护法（试行）》颁布，首次规定国家在制定经济社会发展规划时把环境保护纳入统筹考虑范畴，要求一切企业事业单位从设计到生产经营必须防止对环境造成污染和破坏，否则便追究法律责任。

1981年12月13日，根据邓小平的倡议，第五届全国人大四次会议审议通过了《关于开展全民义务植树运动的决议》，规定凡是条件具备的地方，年满11周岁的中华人民共和国公民，除老弱病残者外，因地制宜，每人每年义务植树3棵至5棵，或者完成相应劳动量的育苗、管护和其他绿化任务。"人人动手，每年植树，愚公移山，坚持不懈"。1982年2月，中央绿化委员会成立，全民义务植树和国土绿化工作有了统一的组织领导机构。1982年5月，国务院下属的城乡建设环境保护部成立，内设环境保护局，使我国的环境保护有了行政机构。1982年11月，邓小平在全军植树造林表彰大会上又题词"植树造林，绿化祖国，造福后代"①，认为植树造林有利于社会主义建设，要坚持20年，坚持100年，坚持1000年，要一代一代长久的坚持。1984年5月，国务院成立了环境保护委员会，原城乡建设环境保护部下属的环境保护局改为国家环境保护局；1984年5月，《中华人民共和国水污染防治法》颁布，该法律要求国家和地方各级人民政府将水环境保护纳入政府工作计划，并制定水环境质量标准和污染物排放标准，对水污染防治实施统一监督管理，特别提出"维护水体的自然净化能力"。1984年9月，第六届全国人大常委会七次会议通过修改的《中华人民共和国森林法》总则中规定，"植树造林、保护森林是公民应尽的义务"，再次把植树造林纳入了法律范畴。

1987年9月、1988年1月，我国相继制定颁布了《中华人民共和国大气污染防治法》《中华人民共和国水法》等环境保护单项法律法规。1988年7月，国务院决定独立设置国家环境保护局，作为国务院的直属

---

① 《邓小平文选》第3卷，人民出版社1993年版，第21页。

机构，表明了中央政府对我国环境保护事业的高度重视。1989年12月，《中华人民共和国环境保护法》正式实施，该法成为我国环境保护的基本法律。

20世纪80年代以来，国家相继在"三北"地区、长江、珠江、淮河等重要江河流域实施了一系列防护林体系建设工程。珠江，我国三大水系之一，由西江、北江、东江及珠江三角洲诸河四大水系组成，总长2400公里。近几十年来，珠江流域旱涝等生态灾害频发，威胁着广东、广西、湖南、江西、贵州、云南6省安全。2004年以来，珠三角地区有6年遭遇严重咸潮袭击，直接影响着广东省1500多万居民的日常饮用水和200多万亩农作物灌溉，也影响到港澳地区的供水质量。2001年至2010年，"长、珠、太、平"4项工程二期建设顺利完成，国家和地方总计投资1098.5亿元；完成造林1174.2万公顷；改造低效林31.4万公顷；其中珠防绿化工程区森林覆盖率提高了12.2%。珠江流域的东江、西江、北江中上游水质持续保持在二类以上，重点水库水质保持在一类以上，珠江三角洲和港澳地区的饮用水安全得到有效保证。

广东省先后启动东江、北江、西江、韩江流域水源涵养林建设工程，截至2008年完成造林67.12万亩；实施沿海防护林体系建设和红树林恢复工程，在全省3033公里宜林海岸线上营建防护林带2797公里，大陆基干林带基本合拢，营造红树林近10万亩；完成通道沿线第一重山造林任务12.9万亩；实现全省生物防火林带总长度114 076公里。[1]

2013年7月10日，国家林业局正式启动珠江流域防护林体系建设三期工程。珠防林三期工程分为5大治理区，重点是南北盘江、东北江、左右江、红水河以及珠江中下游水源涵养和水土保持林的建设。

---

[1] 信息与宣传中心：《绿色崛起之路——纪念广东林业改革开放三十年》，广东林业局网站，2008年12月17日，http://lyj.gd.gov.cn/news/forestry/content/post_1857343.html。

（4）江泽民提出"可持续发展战略"

第一，《中国21世纪议程》首次把可持续发展战略纳入了国民经济和社会发展长远规划。1994年3月，中国出台了《中国21世纪议程——中国21世纪人口、环境与发展白皮书》，该白皮书详细地论述了我国经济、社会发展与资源生态环境之间的关系，指出"转变发展战略，走可持续发展道路，是加速我国经济发展、解决环境问题的正确选择"，系统阐述了我国实施可持续发展战略的综合性、长期性和渐进性方案，中国也由此成为世界上第一个编制国家21世纪议程的国家。第二，"实现经济社会可持续发展"正式写入党的重大战略文件。1995年9月，党的十四届五中全会召开，会议通过了《关于制定国民经济和社会发展"九五"计划和2010年远景目标的建议》，提出将"可持续发展战略"写入其中，认为"必须把社会全面发展放在重要战略地位，实现经济与社会相互协调和可持续发展"。江泽民在《正确处理社会主义现代化建设中的若干重大关系》讲话中强调："在现代化建设中，必须把实现可持续发展作为一个重大战略"。江泽民的讲话为我国经济、社会、人与自然的可持续发展提出了新的战略遵循。第三，"可持续发展战略"正式成为我国现代化建设的重大战略。1997年，党的十五大召开，"可持续发展战略"思想首次写入党代会报告。在党的十五大报告上，江泽民指出，要坚持保护环境的基本国策，正确处理经济发展同人口、资源和环境的关系。第四，"可持续发展能力不断增强"被确立为我国全面建设小康社会的目标之一。2002年11月，党的十六大提出全面建设小康社会的奋斗目标，而"可持续发展能力不断增强"就成为全面建设小康社会的重要目标之一。

1998年，我国发生了特大洪水。这是继1931年和1954年之后，20世纪发生的又一次全流域的特大洪水。以江泽民同志为核心的党中央领导集体高度重视生态环境保护与建设，着眼于加强生态建设、维护生态安全的考虑，提出了"退耕还林、封山绿化"战略，向全党全国各族人民发出了"再造秀美山川"的号召。江泽民强调："经济发展，必须与人口、资源、环境统筹考虑，不仅要安排好当前的发展，还要为子孙后代着想，为未来的发展创造更好的条件。"①自1999年实施退耕还林还草工程以来，全国已实施退耕还林还草5亿多亩，工程总投入超过5000亿元。两轮退耕还林还草增加林地面积5.02亿亩，占人工林面积的42.5%；增加人工草地面积502.61万亩，占人工草地面积的2.2%。新一轮退耕还林还草6年来，工程实施规模已扩大到目前的近8000万亩，工程实施省份由2014年的14个省（区、市）扩大到22个省（区、市）和新疆生产建设兵团。

（5）胡锦涛提出"生态文明"

胡锦涛在2004年参加植树节活动时强调："要按照树立和落实科学发展观的要求，广泛动员全社会的力量，坚持不懈地开展植树造林活动，把祖国建设得更加秀美。"②胡锦涛在党的十七大报告中提出，要坚持生产发展、生活富裕、生态良好的文明发展道路，建设资源节约型、环境友好型社会，实现速度和结构质量效益相统一、经济发展与人口资源环境相协调，使人民在良好生态环境中生产生活，实现经济社会永续发展。

2003年10月，党的十六届三中全会召开，全会明确提出了"坚持以人为本，树立全面、协调、可持续的发展观"，并强调统筹人与自然和谐发展。

2004年9月，党的十六届四中全会通过了《中共中央关于加强党的执政能力建设的决定》，首次完整提出了"构建社会主义和谐社会"的概念。随后，中国共产党便将"和谐社会"作为执政兴国的战略任务，

① 曹普：《跨世纪发展战略是怎样制定的》，《学习时报》2022年12月7日。

② 《胡锦涛江泽民等参加首都义务植树活动》，《人民日报》2004年4月4日。

"和谐"理念成为建设中国特色社会主义过程中的重要价值取向，构建社会主义和谐社会成为了贯穿中国特色社会主义事业全过程的长期历史任务。和谐社会的主要内容包括：民主法治、公平正义、诚信友爱、充满活力、安定有序、人与自然和谐相处。社会主义和谐社会把"人与自然和谐相处"作为基本特征之一，既是对人与自然关系的正确定位，也是对社会主义社会特征的一种新认识。

2005年10月，党的十六届五中全会召开，全会提出了建立资源节约型、环境友好型的"两型"社会建设目标。由此，社会主义"人与自然和谐"观逐步孕育，为生态文明建设提供了最为坚实的组织保障、思想基石和理论基础。此外，全会还通过了《中共中央关于制定国民经济和社会发展第十一个五年规划的建议》（以下简称《建议》），首次提出要把建设资源节约型、环境友好型社会确定为我国国民经济与社会发展中长期规划的一项建设任务。《建议》指出：必须加快转变经济增长方式；大力发展循环经济；加大环境保护力度；切实保护好自然生态；切实解决影响经济社会发展特别是严重危害人民健康的突出问题；在全社会形成健康文明、节约资源的消费模式。[①]《建议》明确提出："十一五"时期经济社会发展的目标之一是资源利用效率显著提高，单位国内生产总值能源消耗比"十五"期末降低20%左右，生态环境恶化趋势基本遏制，耕地减少过多状况得到有效控制。2007年，党的十七大报告再次强调："必须把建设资源节约型、环境友好型社会放在工业化、现代化发展战略的突出位置，落实到每个单位、每个家庭。"[②]可见，党中央已将"两型"社会建设提升到现代化发展更加突出的位置，

---

① 《中共中央关于制定"十一五"规划的建议》，中国人大网，2010年11月30日，http://www.npc.gov.cn/zgrdw/npc/zt/qt/jj125gh/2010-11/30/content_1628250.htm。

② 胡锦涛：《高举中国特色社会主义伟大旗帜　为夺取全面建设小康社会新胜利而奋斗——在中国共产党第十七次全国代表大会上的报告》，新华社，2007年10月24日。

生态环境保护成为我国现代化发展的重要一环。

胡锦涛在党的十七大报告第四部分"实现全面建设小康社会奋斗目标的新要求"中指出："建设生态文明，基本形成节约能源资源和保护生态环境的产业结构、增长方式、消费模式。循环经济形成较大规模，可再生能源比重显著上升。主要污染物排放得到有效控制，生态环境质量明显改善。生态文明观念在全社会牢固树立。"①党的十七大首次将"生态文明"写入党代会报告，并提出建设生态文明的若干条路径、发展目标、表现方式等内容，标志着作为世界第一大执政党的中国共产党，形成了马克思主义人与自然生态观。

2011年8月，胡锦涛在视察广东时强调，要"加强重点生态工程建设，构筑以珠江水系、沿海重要绿化带和北部连绵山体为主要框架的区域生态安全体系，真正走向生产发展、生活富裕、生态良好的文明发展道路。"

（6）习近平提出"美丽中国"

党的十八大以来，以习近平同志为核心的党中央将生态文明建设纳入"五位一体"总体布局，形成了关于生态文明建设科学完整的理论体系，最终形成了习近平生态文明思想，实现了马克思主义生态观的创新。党的十八大报告首次专章论述生态文明，首次提出"推进绿色发展、循环发展、低碳发展"和"建设美丽中国"。党的十八大报告指出，建设生态文明，是关系人民福祉、关乎民族未来的长远大计，并将生态文明建设纳入中国特色社会主义事业"五位一体"总体布局。面对资源约束趋紧、环境污染严重、生态系统退化的严峻形势，必须树立尊重自然、顺应自然、保护自然的生态文明理念，把生态文明建设放在突

---

① 胡锦涛：《高举中国特色社会主义伟大旗帜 为夺取全面建设小康社会新胜利而奋斗——在中国共产党第十七次全国代表大会上的报告》，新华社，2007年10月24日。

出地位，融入经济建设、政治建设、文化建设、社会建设各方面和全过程，努力建设美丽中国，实现中华民族永续发展。

2013年7月20日，国家主席习近平在致生态文明贵阳国际论坛2013年年会的贺信中强调，"走向生态文明新时代，建设美丽中国，是实现中华民族伟大复兴的中国梦的重要内容。中国将按照尊重自然、顺应自然、保护自然的理念，贯彻节约资源和保护环境的基本国策，更加自觉地推动绿色发展、循环发展、低碳发展，把生态文明建设融入经济建设、政治建设、文化建设、社会建设各方面和全过程，形成节约资源、保护环境的空间格局、产业结构、生产方式、生活方式，为子孙后代留下天蓝、地绿、水清的生产生活环境"。①

2015年10月，党的十八届五中全会上提出了"五大发展理念"，即创新、协调、绿色、开放、共享的新发展理念。大力发展环境友好型的产业，通过节能减排的技术措施，实现经济发展与自然和谐共生的经济发展理念，具体包括生产方式的绿色化和生活方式的绿色化。绿色发展理念是生态文明建设在发展理念上的具体表现。在党的十八届五中全会报告中还提到了"坚持绿色发展，必须坚持节约资源和保护环境的基本国策，坚持可持续发展，坚定走生产发展、生活富裕、生态良好的文明发展道路"，"积极承担国际责任和义务，积极参与应对全球气候变化谈判，主动参与2030年可持续发展议程"等。

在党的十八届五中全会上，"美丽中国"被纳入"十三五"规划，也是首次被纳入五年规划。自党的十四届五中全会开始，关于制定国民经济和社会发展及下一个五年规划的建议，其中国民经济规划的内容从"整顿"发展到"推动创新驱动"。从"十一五"规划开始增加了生态

---

① 《习近平致生态文明贵阳国际论坛2013年年会的贺信》，新华社，2013年7月20日。

文明保护的内容，体现了国家对生态文明建设的重视。

在党的十九大报告中，习近平总书记指出，"加快建立绿色生产和消费的法律制度和政策导向，建立健全绿色低碳循环发展的经济体系"，"加快生态文明体制改革，建设美丽中国"，并提出了重要任务指标：①推进绿色发展。加快建立绿色生产和消费的法律制度和政策导向，建立健全绿色低碳循环发展的经济体系。构建市场导向的绿色技术创新体系，发展绿色金融，壮大节能环保产业、清洁生产产业、清洁能源产业。推进能源生产和消费革命，构建清洁低碳、安全高效的能源体系。推进资源全面节约和循环利用，实施国家节水行动，降低能耗、物耗，实现生产系统和生活系统循环链接。倡导简约适度、绿色低碳的生活方式，反对奢侈浪费和不合理消费，开展创建节约型机关、绿色家庭、绿色学校、绿色社区和绿色出行等行动。②着力解决突出环境问题。坚持全民共治、源头防治，持续实施大气污染防治行动，打赢蓝天保卫战。加快水污染防治，实施流域环境和近岸海域综合治理。强化土壤污染管控和修复，加强农业面源污染防治，开展农村人居环境整治行动。加强固体废弃物和垃圾处置。提高污染排放标准，强化排污者责任，健全环保信用评价、信息强制性披露、严惩重罚等制度。构建政府为主导、企业为主体、社会组织和公众共同参与的环境治理体系。积极参与全球环境治理，落实减排承诺。③加大生态系统保护力度。实施重要生态系统保护和修复重大工程，优化生态安全屏障体系，构建生态廊道和生物多样性保护网络，提升生态系统质量和稳定性。完成生态保护红线、永久基本农田、城镇开发边界三条控制线划定工作。开展国土绿化行动，推进荒漠化、石漠化、水土流失综合治理，强化湿地保护和恢复，加强地质灾害防治。完善天然林保护制度，扩大退耕还林还草。严格保护耕地，扩大轮作休耕试点，健全耕地草原森林河流湖泊休养生息制度，建立市场化、多元化生态补偿机制。④改革生态环境监管体制。

加强对生态文明建设的总体设计和组织领导，设立国有自然资源资产管理和自然生态监管机构，完善生态环境管理制度，统一行使全民所有自然资源资产所有者职责，统一行使所有国土空间用途管制和生态保护修复职责，统一行使监管城乡各类污染排放和行政执法职责。构建国土空间开发保护制度，完善主体功能区配套政策，建立以国家公园为主体的自然保护地体系。坚决制止和惩处破坏生态环境行为。①

推进美丽中国建设，坚持山水林田湖草沙一体化保护和系统治理，统筹产业结构调整、污染治理、生态保护、应对气候变化，协同推进降碳、减污、扩绿、增长，推进生态优先、节约集约、绿色低碳发展。党的二十大报告指出："坚持绿水青山就是金山银山的理念，坚持山水林田湖草沙一体化保护和系统治理，全方位、全地域、全过程加强生态环境保护……生态环境保护发生历史性、转折性、全局性变化，让我们的祖国天更蓝、山更绿、水更清。"习近平总书记强调要践行"绿水青山就是金山银山"的理念，并把"美丽中国"作为实现中华民族伟大复兴中国梦的重要内容。2017年8月，习近平总书记向全党全社会发出了弘扬塞罕坝精神的呼吁，表彰塞罕坝林场的建设者们创造了人间奇迹，"五十五年来，河北塞罕坝林场的建设者们听从党的召唤，在'黄沙遮天日，飞鸟无栖树'的荒漠沙地上艰苦奋斗、甘于奉献，创造了荒原变林海的人间奇迹，用实际行动诠释了绿水青山就是金山银山的理念，铸就了牢记使命、艰苦创业、绿色发展的塞罕坝精神"。②20世纪60年代的时候，塞罕坝林场还是环境很恶劣的黄土荒漠，从祖国各地来了300多个年轻人，用锄头和铲子，锄地种树。从第一棵树到现在112万亩的靓丽风

① 习近平：《决胜全面建成小康社会 夺取新时代中国特色社会主义伟大胜利——在中国共产党第十九次全国代表大会上的报告》，《人民日报》2017年10月28日。

② 《习近平对河北塞罕坝林场建设者感人事迹作出重要指示》，《人民日报》2017年8月29日。

景线，在塞罕坝林场中，已经有三代人在此付出了自己的心血。

《国家林业局关于开展向河北省塞罕坝机械林场学习活动的决定》指出："我国林区、山区、沙区集中了全国60%的贫困人口，既是发展林业的重点地区，又是脱贫攻坚的主战场。早在20多年前，习近平总书记担任福建宁德地委书记时就指出，闽东的振兴在于林，森林是水库、钱库、粮库，提出了著名的'三库'理论。"[①]在宁德工作期间，习近平在《摆脱贫困》中指出："森林是水库、钱库、粮库。"[②]闽东的振兴在于"林"，发展林业成为闽东脱贫致富的主要途径。1989年宁德地区共有480位党政领导带头创办造林绿化示范点514个，面积达18.3万亩，通过"林长负责制"试点，有力推动全区造林绿化。1990年宁德全区造林专业户、重点户发展到7009户，造林联合体4630个，全区创办乡村林场发展到438个，经营森林面积171.82万亩，森林蓄积量达151.58万立方米。正如习近平总结道："去年，我区林业工作取得了较大成绩，今后要扎扎实实地抓下去，经过几年的努力，闽东的山会更青，水会更绿，人民会更富裕。"[③]

与此同时，国家制定全国林业生态环境建设规划。1994年国家林业局制定了《1996—2050年全国生态环境建设规划（林业部分）》，分析了我国陆地生态环境问题与林业生态建设现状，提出了指导思想、战略目标与重点工程布局，对规划的实施做了投资估算、效益分析及前景展望。

国家从生态系统考虑林业，从20世纪八九十年代"开荒造林"到加强"林业保护"，再到"生态保护"，从数量目标、生物保护等加强考

---

① 《国家林业局关于开展向河北省塞罕坝机械林场学习活动的决定》，国家林业局，2017年8月29日。

② 习近平：《摆脱贫困》，福建人民出版社2014年版，第110页。

③ 习近平：《摆脱贫困》，福建人民出版社2014年版，第207页。

核。同时，加强城市绿化建设，2001—2010年城市绿化覆盖面积占城市总面积35%，2011—2050年则提高到40%左右。

为落实1992年联合国环境与发展大会后续行动，贯彻实施《中国21世纪议程》，国家林业局于1995年制定了《中国21世纪议程林业行动计划》，提出了中国林业发展的总体战略目标和对策。

目前，中国已成为全球空气质量改善最快的国家。2013年，国家主席习近平向生态文明贵阳国际论坛年会致贺信时强调，"保护生态环境，应对气候变化，维护能源资源安全，是全球面临的共同挑战。中国将继续承担应尽的国际义务，同世界各国深入开展生态文明领域的交流合作，推动成果分享，携手共建生态良好的地球美好家园"。①人们越来越意识到，一个健康良好的生态环境对于经济可持续发展的重要作用。人类来到工业文明时代，工业化的快速发展，不仅给人类创造了巨大的物质财富，而且人类也加快了对自然界的索取，破坏了地球生态系统的平衡，导致人与自然的关系趋于紧张。对此，人类在发展的过程中，必须重视大自然的警告，必须抛弃只求索取忽视投入、只求发展不讲保护、只知利用却不修复的发展老路。事实上，人类面临的生态环境问题本质上是人类社会经济发展和人类生活方式的问题。要想生态环境问题得到彻底解决，就务必实施绿色发展，毫不犹豫地抛弃以摧残生态环境为代价的经济发展模式，加速构建资源节约型社会，在全社会推广环保、低碳的绿色发展理念，在经济结构、产业布局、生产生活方式等方面形成绿色发展，把经济发展、生活生产控制在获取资源和生态环境承受的最低限度内，从而为自然生态的自然修复提供尽可能多的时间、空间等。人类已经意识到了绿色低碳发展的重要性，《巴黎协定》为我们保护地球家园提供了指引，对此全球大多数国家都给予了支持并

① 《习近平致生态文明贵阳国际论坛2013年年会的贺信》，新华社，2013年7月20日。

执行。2021年，国家主席习近平在致世界环境司法大会的贺信中提道：
"地球是我们的共同家园。世界各国要同心协力，抓紧行动，共建人
和自然和谐的美丽家园。中国坚持创新、协调、绿色、开放、共享的新
发展理念，全面加强生态环境保护工作，积极参与全球生态文明建设合
作。中国愿同世界各国、国际组织携手合作，共同推进全球生态环境治
理。"①谋发展，需要长远地考虑全体人民的未来与福祉。聚焦应对气
候变化和推动绿色发展，必须加快落实联合国2030年可持续发展议程，
推动实现更加强劲、绿色、健康的全球发展。2021年，北京的蓝天数量
比2013年增加了112天，空气优良天数达到了288天，首次全面达标。同
时，我国水生态环境质量已接近发达国家水平。2021年，全国地表水优
良水质断面比例达到84.9%。全国土壤环境风险得到有效管控。

生态兴则文明兴，生态衰则文明衰。党的二十大报告中，再次明确
要加快实施重要生态系统保护和修复重大工程。一是聚焦国家重点生态
功能区、生态保护红线、自然保护地等重点区域。近年来，全国90%的
陆地生态系统、74%的重点保护野生动植物物种已得到有效保护。二是
坚持山水林田湖草沙生命共同体理念，实施综合治理、系统治理、源头
治理，一体化推进生态系统保护和修复。截至2024年1月，中国实施了50
多个山水林田湖草沙一体化保护和修复工程，重点保护和修复我国青藏
高原、长江流域、黄河流域等重点生态功能区。三是控制和降低自然资
源开发利用的强度，发挥生态系统的自我修复能力。近十年来，在保障
经济社会发展的同时，我国能源结构加快转型，绿色发展的底色更加鲜
明，单位GDP能耗十年里累计下降了26.4%，我国以能源消费年均3%的增
长支撑了国民经济年均6.6%的增长。近十年来，全国单位GDP二氧化碳
排放量下降34.4%，煤炭在一次能源消费中的占比从68.5%降至56%。可再

①　《习近平向世界环境司法大会致贺信》，《人民日报》2021年5月27日。

生能源开发利用规模、新能源汽车产销量稳居世界第一。2020年，中国超额完成了哥本哈根气候峰会（2009年）承诺的2020年国家减排目标，并在当年明确提出2030年前碳达峰与2060年前碳中和目标。2021年，中国建成全球最大的碳排放权交易市场，绿色越来越成为高质量发展的底色。

（二）习近平生态文明思想的科学内涵

2022年3月30日，习近平总书记在参加首都义务植树活动时强调，"森林是水库、钱库、粮库，现在应该再加上一个'碳库'"。[①]在"绿水青山"中找"金山银山"，习近平总书记把振兴林业摆上中国经济发展的战略位置，作为推动中国经济发展的一个重要载体、抓手，实现中国政治、经济、文化、社会、生态"五位一体"高度统一的发展观。"四库"绿色生态理念成为习近平生态文明思想的重要组成部分，指引中国绿色发展。党的十八大以来，中国森林、林草恢复的成就举世瞩目。中华人民共和国成立前夕，中国的森林覆盖率为8.6%，到2023年已提高到了24.02%，森林面积达到34.65亿亩，人工林保存面积达13.14亿亩，居世界首位。中国还将继续推进森林恢复和可持续发展，提升生态系统质量和稳定性，加快构建以林草植被为主体的生态安全体系。

中华人民共和国成立初期，由于对社会主义建设经验不足，对经济发展规律和中国经济基本情况认识不足，党和政府提出过一些征服自然的口号。在社会生产实践中，为增加粮食产量，毁林开荒、围湖造田；为发展重工业，开展大炼钢运动，砍掉了大量树木，毁掉了宝贵的森林资源，对自然生态环境造成了很大的破坏；改革开放以来，尽管历代中央领导集体高度重视生态环境保护工作，我国资源约束趋紧、环境污染严重、生态系统破坏的严峻形势尚没有发生根本性转变，仍然处在犹如

---

① 《习近平在参加首都义务植树活动时强调　全社会都做生态文明建设的实践者推动者　让祖国天更蓝山更绿水更清生态环境更加美好》，新华网，2022年3月30日。

逆水行舟、不进则退，压力叠加、负重前行的关键期。在此背景下，习近平生态文明思想的科学内涵亦发生了变化，由原来的"八个坚持"拓展为"十个坚持"，即坚持党对生态文明建设的全面领导，坚持生态兴则文明兴，坚持人与自然和谐共生，坚持绿水青山就是金山银山，坚持良好生态环境是最普惠的民生福祉，坚持绿色发展是发展观的深刻革命，坚持统筹山水林田湖草沙系统治理，坚持用最严格制度最严密法治保护生态环境，坚持把建设美丽中国转化为全体人民自觉行动，坚持共谋全球生态文明建设之路。"坚持党对生态文明建设的全面领导"和"坚持绿色发展是发展观的深刻革命"是在原来"八个坚持"基础上的新增内容。将"坚持党对生态文明建设的全面领导"放在"十个坚持"之首，既体现了党的百年奋斗历史经验，也是全面系统推进生态文明建设、实现美丽中国目标的必然要求。秉持绿色发展理念，持续满足我国人民对优美生态环境日益增长的需要。可见，生态环境不仅关系到人民群众对生态环境的需求，更关系到党的使命宗旨这一重大政治问题。

"中国共产党的中心任务就是团结带领全国各族人民全面建成社会主义现代化强国、实现第二个百年奋斗目标，以中国式现代化全面推进中华民族伟大复兴。"①其中，在"五位一体"总体布局中，生态文明建设是重要一环，关系到中国式现代化的实现；同时，在新时代坚持和发展中国特色社会主义基本方略中，坚持人与自然和谐共生成为其中一条重要的基本方略；在新发展理念中，绿色是其中一大理念；在三大攻坚战中，污染防治是其中一大攻坚战。可见，生态文明建设已成为党和国家治国理政中重要的一环。

---

① 习近平：《高举中国特色社会主义伟大旗帜　为全面建设社会主义现代化国家而团结奋斗——在中国共产党第二十次全国代表大会上的报告》，《人民日报》2022年10月26日。

1. 生态和谐论

"要为自然守住安全边界和底线，形成人与自然和谐共生的格局。"①和谐是事物之间在一定的矛盾条件下形成统一体，是不同事物之间既互相对弈又共同发展。和谐文化是中国传统哲学、当代马克思主义哲学的辩证范畴。

（1）"和谐"文化体现中华文明的精髓

习近平总书记指出："中华民族向来尊重自然、热爱自然，绵延5000多年的中华文明孕育着丰富的生态文化。"②孔子说过"和而不同"。儒家经典《中庸》强调："致中和，天地位焉，万物育焉。"《易经》提倡"天人合一"的观点。它们都蕴含中国古人整体性、直观性的朴素辩证思维。道家强调道法自然。规律作用于事物自身的发展，不已外界。天地有自己的运行规律轨迹。以天地规律为准则，人要观察总结规律，不要主观随意臆造规律。只有顺应天地规律，达到天人合一的状态，才可能天地人三者合一。人是社会的人，人要生存就要吃饭，社会解决人的吃喝拉撒睡就要发展，而这些物质只能来源于自然界。九九归一，人与自然要和谐共处，不仅人与人之间要和谐共处，人也要与社会和谐，最终达到自然与社会和谐。正如党的十九大报告所指出："人类只有遵循自然规律才能有效防止在开发利用自然上走弯路，人类对大自然的伤害最终会伤及人类自身，这是无法抗拒的规律"③，并把社会主义现代化奋斗目标进一步拓展为"富强民主文明和谐美丽"。这体现了人类要尊重自然规律，研究自然规律，最终通过自然规律作用，

---

① 《习近平谈治国理政》第4卷，外文出版社2022年版，第356页。

② 赵超、董峻：《习近平在全国生态环境保护大会上强调 坚决打好污染防治攻坚战 推动生态文明建设迈上新台阶》，《光明日报》2018年5月20日。

③ 习近平：《决胜全面建成小康社会 夺取新时代中国特色社会主义伟大胜利——在中国共产党第十九次全国代表大会上的报告》，《人民日报》2017年10月28日。

实现保护自然，最终促进人与自然和谐共生的发展观。可见"和谐"文化，已经在中国根深蒂固，是长期孜孜以求的理想状态，是中华民族优秀传统文化的代表。

（2）"和谐"文化体现新时代生态文明的追求目标

落实生态文明最新理念。习近平总书记深刻指出，"建设生态文明，关系人民福祉，关乎民族未来"。[①]生态文明是人与自然和谐共生的反映，体现一个国家的科技发展应用程度和文明发展程度。长期以来，经济发展和生态环境被认为无法兼顾，要发展免不了要牺牲环境。党的十八大以来，在新发展理念指引下，我国坚定不移走生态优先、绿色低碳发展道路，着力推动经济社会发展全面绿色转型，既要发展，也要环境。党的二十大报告指出，要实施全面节约战略，发展绿色低碳产业，倡导绿色消费，统筹产业结构调整、污染治理、生态保护、应对气候变化，加快发展方式绿色转型。生态文明建设是中国发展史上的一场深刻变革，生态文明建设不是单纯就环境来解决环境问题，而是在新文明观指导下的系统性、全方位的生产生活方式和社会发展方式革命。

马克思在《1844年经济学哲学手稿》中揭示，"人对自然的关系直接就是人对人的关系"。在一般意义上讲，人与自然的关系涉及人类对征服自然的认识问题。人类社会是在认识、利用、改造和适应自然的过程中不断发展的。一方面，人与自然是相互联系、相互依存、相互渗透的：人由自然脱胎而来，本身就是自然界的一部分。另一方面人类可以利用自然、改造自然，但归根结底是自然的一部分，必须呵护自然，不能凌驾于自然之上。以追求单一经济利益最大化为主导思想的情况下，人们把自然作为索取对象和工具手段，不断对自然提出各种过激要

---

① 《习近平在中共中央政治局第六次集体学习时强调　坚持节约资源和保护环境基本国策　努力走向社会主义生态文明新时代》，新华社，2013年5月25日。

求，甚至错误地认为人可以主宰自然。然而，这种粗放型生产方式不可持续。自然界灾害一次次地教育了人们，人并不能凌驾于自然之上。自然灾害表面上以"天灾"出现，实质更多是人祸，这是人类过度地盲目干预、开发和利用自然资源的结果。这就警示我们必须尊重自然、顺应自然、保护自然，既要利用好自然，又要像爱惜自己的生命一样爱惜自然。

在特殊意义上讲，人与自然的关系实际上就是人与人的社会关系。人与人相互联系、相互影响。在现代社会，人不可能单独生存，你中有我，我中有你，谁也离不开谁。人是大自然的产物。但进入阶级社会后，自然界成为生产资料的重要组成部分。生产资料的所有者决定了生产目的。特别是在私有制影响下，不顾一切地开采和利用许多不可再生或濒临枯竭的宝贵自然资源，这是最低经济成本。福斯特提出的资本主义经济生产的四条反生态法则是：①事物之间仅有的永恒关系是金钱关系；②只要不重新进入资本循环，事物去哪里是无关紧要的；③自我调节的市场懂得的是最好的；④自然的施予是财产所有者的免费礼物。利润成为最高目的，自然和社会本身都是手段。在现代社会不断加大环境保护投入，污染和破坏自然环境是件低成本的事情。但污染和破坏自然环境，归根到底还是损害了人们的利益。实质上是一部分人对其他人甚至全体人类所依赖的生存环境的伤害，缩短地球的寿命，进而走向灭绝；而保护自然、实现可持续发展，就是维护了所有人的共同利益。这就是在所有权制度影响下，人与自然的关系影响了人与人的社会关系。

生态文明理念决定人对自然改造的方向，需要正确发挥人的主体作用，人的实践活动不是任意妄为的。这要求人类在人与自然关系的问题上，必须以互惠互利、共同发展为前提，克服目光短浅、急功近利思想，树立人与自然和谐共生的发展观。

（3）"和谐"文化体现党的科学执政手段

生态文明的核心就是坚持人与自然和谐共生。自党的十六大以来，"和谐"的执政理念逐渐融入党的执政方针。特别是党的十八大报告提出"树立尊重自然、顺应自然、保护自然的生态文明理念"；党的十九大报告提出"坚持人与自然和谐共生"的生态文明理念。

中国式现代化是人与自然和谐共生的现代化。加快推进生态文明顶层设计和制度建设，促进人与自然和谐共生，实现中国式现代化既定目标。首先，中国式现代化推进与发展的基本前提是人与自然和谐共生。习近平总书记强调"自然是生命之母"。生态环境关系到世界所有生命的生存与发展，它不仅是我们人类文明发展的基础，更是我们人类赖以生存和发展的最基础的条件。其次，"人与自然和谐共生"蕴含了保护生态环境是人类社会生存发展的前提和基础。因此，中国特色社会主义的任务不仅仅是创造物质财富和精神财富，以不断满足人民日益增长的美好生活需要，而且还要打造更美更多的生态产品，让人民感受到我国生态环境的发展成果。那种只见得到工厂而见不到人，没有绿水青山的现代化不是真正的现代化。

习近平生态文明思想以中国特色社会主义进入新时代为时代总依据，紧扣新时代我国社会主要矛盾变化，把生态文明建设纳入中国特色社会主义"五位一体"总体布局和"四个全面"战略布局，坚持生态文明建设是关系中华民族永续发展的千年大计、根本大计的历史地位；以创新协调绿色开放共享的新发展理念为引领，将绿色发展、绿色化、产业生态化、生态产业化内化为生态文明建设，融入经济建设、政治建设、文化建设和社会建设的全过程，全方位全过程立体化建设生态文明；以绿水青山就是金山银山为核心理念，不仅将其写入党的十九大报告，在《中国共产党章程（修正案）》总纲中又明确写入"中国共产党领导人民建设社会主义生态文明。树立尊重自然、顺应自然、保护自然的生态文明理念，增强绿水青山就是金山银山的意识"；以着力推进供给侧结构性改革为主线，以建设高质量、现代化经济体系为目标，坚持绿色发展、低碳发展、循环发展的实践论，旨在实现党的十九大确立的"人与自然和谐共生的现代化"，为建成富强民主文明和谐美丽的社会主义现代化强国奠定生态产业基础；以生态文明体制改革、制度建设和法治建设为生态文明提供根本保障，坚持党政同责、一岗双责，利剑高悬，全面启动和完成生态环境保护督察，坚决打赢环境污染防治攻坚战，使我国环境保护和生态文明建设事业产生历史性、根本性和长远性转变；以强烈的问题意识、改革意识、人民意识和辩证意识，开辟了马克思主义人与自然观新境界，开辟了中国特色社会主义生态文明建设的世界观、价值观、方法论、认识论和实践论。

2. 生态发展论

习近平总书记在福建工作时就提出"保护生态环境就是保护生产力，改善生态环境就是发展生产力"的重要论断。经济发展和生态环境保护两者是一对矛盾。以破坏生态为代价的经济发展不能长久，也不可能长久，而生态本身就是经济发展的基本条件，保护生态就是保护生产力的持续发展，保护生态有利于将来开发。良好的生态环境，不仅能让人民的生活更加幸福，也能提供更好的发展机会。"许多贫困地区一说穷，就说穷在了山高沟深偏远。其实，不妨换个角度看，这些地方要想富，恰恰要在山水上做文章。"保护生态环境不仅仅是保护生产力，更是发展生产力的需要，也是马克思主义生产力理论的本质要求，更是新时代新征程上实现经济社会高质量发展、推进美丽中国建设的应有之义。在改革的语境下，提出这个论断具有超强的战略思维和巨大的魄力担当。经济发展既要满足人的基本需要，又不能危害环境，且要保证当代人和子孙后代的利益，这是两难的选择，也体现了坚持可持续发展原则的重要性。

习近平总书记指出："我们要建立绿色低碳循环经济体系，把生态优势转化为发展优势，使绿水青山产生巨大效益。"①因而，经济发展不是自然与社会的相互对立，更不应该是对自然和生态环境的无限获取，而是要坚持在绿水青山中追寻金山银山，实现在经济发展中保护生态环境、在保护生态环境中寻找经济发展机会，进而实现经济社会发展与人口、资源、环境相协调的目的。生态发展论是用生态发展的观点作为评价人类经济活动、制定经济政策和经济发展战略原则的一种理论。生态发展的观点是针对传统经济发展模式的不足而提出来的，经济发展不应当损害基本生态过程，要在经济发展的同时重视建设环境和保护环境。

当前我国处在转型发展面临多重挑战的关键期、满足人民多样化需要的攻坚期、解决生态问题的窗口期。"三期"叠加，使得各种矛盾和问题集中显现，再加上市场经济利益主体和需求表达呈现多元化、复杂化态势，使得人们的生态发展文化理念滞后于时代发展的要求。故培育敬畏自然的生态价值理念迫在眉睫，特别是社会和谐发展观念转变更是重中之重。

一要转变"人类中心主义"的思维范式，坚持"以人为本"的思想。古代人怀有一份对自然深深的敬畏，相信存在某种超越于人类之上的自然力量。例如，古代巴比伦人的"星宿论"相信自然界具有精灵般的力量；古埃及人的"星座论"总把星座和他们神话中的神视为一体；古希腊人的"心灵论"认为"自然界渗透或充满着心灵（mind）"；古代中国人则相信"天人合一"，并心存对天（即自然）的敬畏之情。人类中心思想发展，从普罗泰戈拉的"人是万物的尺度"到培根的"自然科学只有一个目的，这就是更加巩固地建立和扩大人对自然万物的统治

---

① 《习近平谈治国理政》第4卷，外文出版社2022年版，第436页。

权"，从笛卡尔的"主客二分"再到康德的"人是自然界的最高立法者"，这一系列的命题，对人的理性的弘扬到了无以复加的地步，人的理性成了"上帝"，在自然面前人好像无所不能。人类经验和知识的积累以及科学技术的发展，尤其是工业革命以后，人类改造自然、影响自然的能力越来越强。人们逐渐排除了世界观中的神秘主义成分，日益确信，自然科学在日益开拓自己疆域的过程中逐渐趋于对自然的完全彻底的认识，而技术在日新月异的发展中逐渐生长出可驾驭一切的力量。人们盲目认为没有什么是人类不可认识的奥秘，没有什么是人类不可驾驭的自然力量。"人定胜天""人是自然界的主宰"的思想日益增强，导致人类对自然界索取毫无节制，对地球的资源竭泽而渔，并将自然界视为垃圾箱，毫无顾忌地排放废水、废渣、废气。

二要树立全面、长远、辩证的思维观念，坚持系统的思想。从广义上看，中国特色社会主义"五位一体"总体布局和"四个全面"战略布局均将生态文明建设纳入其中，表明了中国特色社会主义对生态文明建设的重视。生态文明建设不但要做好其自身的生态建设、环境保护、资源节约等，更重要的是融入经济建设、政治建设、文化建设、社会建设各方面和全过程。生态文明建设不仅要与经济建设、政治建设、文化建设、社会建设相并列，又要将生态文明理念、观点与方法融入经济建设、政治建设、文化建设、社会建设的过程中。从狭义上看，无论是全球生态、地区生态，还是局部区域生态，都是一个复杂的生态系统，包括生物群落与水、大气、土、岩石等形成相辅相成、相互依赖又相互制约以及相对稳定的一个系统。而水在其中则是最为活泼、最为重要的生态环境要素。水不仅能润泽万物，而且还能用自身的流动性、动力性影响着整个自然界的演变。例如，在古代，洪涝灾害经常发生，但在现代科技建立人水共存的洪水管理模式的控制下，洪灾损失则可以减轻。例如，可以发射卫星监测云层的变化，亦能够合理利用水库去协调水位，防止洪涝灾害的发生。

三要坚持"可持续"的思想。现代与后现代主义者们认为，现代人类的进步始终摆脱不了它所面临的日益紧迫的环境危机。当前，可持续发展理念已逐渐成为人们的共识，我国生态环境保护虽然取得了一定成就，但也面临一些问题。因此，由"改造自然征服自然"到"人与自然和谐共处"再到"人与自然和谐共生"就成为生态文明实践的必然选择。可持续思想要求人类克服急功近利、自私自利思想，摒弃短视眼光，着眼现在，放眼未来。首先，要控制污染源，减少污染物的排放。以往"交纳排污费或超标排污费"换取"合法"排污做法已经不可取，因而需要政府部门严格执法，杜绝不作为和排污企业的乱排乱放。当前，唯有利用先进科学技术，提高资源的利用率，尽量减少工业污染，做好污染物净化工作，才是出路。修复已受到污染的生态环境，不仅需要付出巨大的人力、物力和财力，更需要做出长期的、艰苦的努力和付出巨大的代价。其次，增加自然的环境承载能力。通过科学合理地设计与规划，对修复大面积生态环境的技术进行探索。最后，加快转变农业生产方式。改变以往过量使用化肥、农药的做法，因为过量使用化肥、农药容易导致土壤酸化、板结以及地力下降，严重的还会导致有益生物大量死亡，以及水体严重污染，无法修复生态环境。因此，不仅要提升广大民众的生态环保意识，更要积极推行农业绿色发展，推行绿色耕种，保障农业健康绿色发展。

3. 生态改革论

党的十八大以来，通过全面深化改革，生态文明建设已纳入中国特色社会主义事业总体布局，如生态文明建设成为"五位一体"总体布局之一、新时代中国特色社会主义的十四条基本方略之一、五大新发展理念之一、三大攻坚战之一、建成社会主义现代化强国目标之一。从基本理念、主要原则、总体目标、重点任务、依靠手段等方面对生态文明建设进行全方位系统部署。从改革举措看，对生态环境和自然资源的管理机制体制进行了改革，出台了中央生态环境保护督察、生态文明目标评价考核和责任追究、河湖长制、生态保护红线等一系列制度。制订修订了30多部相关法律法规，为生态文明建设提供了强有力保障。

首先，压实各方责任。2015年9月，中共中央、国务院印发《生态文明体制改革总体方案》，提出推进生态文明体制改革，不仅要求树立和落实正确的理念，更要坚持"六个方面"，对生态文明建设的基本方针、动力、方法、途径、意义等一系列重大问题进行了深刻的阐述。这为明确生态文明体制改革的任务书、路线图以及加快推进生态文明体制改革提供了重要遵循和行动指南。习近平总书记强调："生态环境是关系党的使命宗旨的重大政治问题，也是关系民生的重大社会问题。"[①]通过全面社会改革有序推进生态文明制度建设。一是压实地方生态环境保护的政治责任和主体责任。有权必有责，中央和各省区市分别制定了生态环境保护的责任清单，对地方各级党委和政府主要领导提出了要求，即他们要成为本行政区域生态环境保护第一责任人，对本行政区域的生态环境质量负总责。守土有责、守土尽责，各级政府向同级人大、省级政府向国务院每年报告生态环境的目标任务完成情况。党中央对省级党委、政府污染防治攻坚战的成效进行考核，坚持"新官要理旧账"，处理好发展与保护的关系，贯彻落实习近平生态文明思想。二是强化企业环境治理主要责任，凡污染必治理。依法实施排污许可管理制度，落实《环境保护综合名录（2021年版）》《环境信息依法披露制度改革方案》等制度，将全国330多万个固定污染源纳入排污管理，通过行政手段监督市场经济行为，引导企业低碳绿色经济转型发展。三是强化

---

① 赵超、董峻：《习近平在全国生态环境保护大会上强调　坚决打好污染防治攻坚战　推动生态文明建设迈上新台阶》，《光明日报》2018年5月20日。

社会监督共同责任。近年来，我国逐步公布了一些破坏生态环境的典型案例，其中对生态环境的破坏触目惊心，警醒了我们必须做好生态环境保护工作，并以坚强有力的监督确保党中央有关生态文明决策的部署贯彻落实。广大社会团体、媒体等依法开展环境监督，形成多元参与、良性互动的环境治理体系。

其次，推进绿色发展。绿色发展核心要义是解决好人与自然和谐共生问题。"十四五"规划确立了实现美丽中国的远景目标，绿色生产生活方式、碳排放达峰任务、生态环境根本好转的目标任重道远。以污染环境为代价的发展虽然表面上带来经济繁荣，但其实带来不可持续的发展，这种野蛮的经济增长方式破坏将来发展的可能。当发展与生态环境保护发生冲突时，必须毫不犹豫地将生态环境保护作为第一选择，必须抛弃以牺牲环境为代价换取一时经济增长的发展模式；保护绿水青山，就是保护金山银山。"十三五"期间，国家完成生态环境标准551项，包括4项环境质量标准、37项污染物排放标准等。

"十三五"规划指出："坚持绿色富国、绿色惠民，为人民提供更多优质生态产品，推动形成绿色发展方式和生活方式，协同推进人民富裕、国家富强、中国美丽。"[1]在全社会树立坚持人与自然和谐共生的理念，强化个人生态文明素质提高。加强政府、学校、社会学习贯彻宣传习近平生态文明思想，构建全民行动体系。提倡"美丽中国，我是行动者"，从自己做起，从自己身边做起，从小事做起，推动形成活泼绿色办公、绿色出行、绿色生活方式。

再次，改革司法监管。坚持人与自然和谐共生是满足人民日益增长的优美生态环境需要的内在要求。通过司法改革，着力解决人民群众反

---

① 《中共中央关于制定国民经济和社会发展第十三个五年规划的建议》，《人民日报》2015年11月4日。

映强烈的大气、水、土壤污染等突出环境问题，推动生态环境法规标准体系建设。"十三五"以来，国家先后制订修订了大气、水、土壤污染防治相关法律，如环境保护法、环境保护税法、水污染防治法、土壤污染防治法、生物安全法等。

生态环保目标落实得好不好，领导干部是关键。要树立新发展理念、转变政绩观，就要建立健全考核评价机制，压实责任、强化担当。党的十八届三中全会通过了《中共中央关于全面深化改革若干重大问题的决定》，首次确立了生态文明制度体系，从源头、过程、后果的全过程，按照"源头严防、过程严管、后果严惩"的思路，阐述了生态文明制度体系的构成及其改革方向、重点任务。同时，建立健全生态文明责任追究制度，尤其是要加强对领导干部的追责制度。要对那些罔顾生态环境的决策、造成严重生态环境后果的领导干部进行追责，并且实施终身追责制度。生态环境保护"党政同责""一岗双责"、各相关部门生态环境保护的责任清单、"管发展必须管环保、管生产必须管环保、管行业必须管环保"、生态环境损害责任终身追究、自然资源资产离任审计、生态文明建设目标评价考核、生态补偿、生态环境损害赔偿、生态环境监测"谁考核谁监测，谁出数谁负责"、企业环境信息依法披露等，这些责任制度正在不断完善。

最后，层层抓落实。党的十九届四中全会明确了生态文明制度体系的"四梁八柱"，包括实行最严格的生态环境保护制度、建立健全资源高效利用发展模式、健全生态环境保护和修复机制、落实生态环境保护责任制度等。落实省以下生态环境机构监测监察执法垂直管理制度。持续开展中央、地方生态环境保护督察，环保督察反馈问题，列出整改清单，明确整改时间、整改措施和责任领导。截至2021年11月，全国共办理了7600余件生态环境赔偿案件，涉及赔偿金额超过90亿元。形成责任明确、途径畅通、技术规范、保障有力、赔偿到位、修复有效等一批可供借鉴的经验和做法。

4. 生态共享论

2018年5月，全国生态环境保护大会召开，习近平总书记在会上指出，"坚持生态惠民、生态利民、生态为民，重点解决损害群众健康的突出环境问题"，"加快提高生态环境质量"，"提供更多优质生态产品"，"不断满足人民日益增长的优美生态环境需要"。①要对人民群众从"盼温饱"到"盼环保"、从"求生存"到"求生态"的诉求有所呼应，就必须加紧建设更加优美的生态环境。

"地球是我们的共同家园。我们要秉持人类命运共同体理念，携手应对气候环境领域挑战，守护好这颗蓝色星球。"②中国将绿色发展理念落实到共建"一带一路"倡议中，建设长颈鹿"昂首通行"的肯尼亚蒙内铁路、"油改电"的斯里兰卡科伦坡集装箱码头、光伏板下可以长草种瓜的巴基斯坦旁遮普太阳能电站等。2011年以来，中国累计安排约12亿元人民币开展应对气候变化的南南合作，为近120个发展中国家培训了约2000名应对气候变化领域的官员和技术人员。从非洲的气候遥感卫星，到东南亚的低碳示范区，再到小岛国的节能灯，中国应对气候变化的南南合作成果看得见、摸得着、有实效。

中国不遗余力地帮助发展中国家，加快形成绿色发展方式，促进经济增长和环境保护双赢，构建经济与环境协同共进的地球家园，让发展成果更多更公平惠及各国人民。

在埃及，中国的节水梯田模式得以应用，助力西奈半岛山区涵养水源；在尼泊尔南部的特莱平原，中国绿色化肥试验区促成小麦等农作物

---

① 赵超、董峻：《习近平在全国生态环境保护大会上强调　坚决打好污染防治攻坚战　推动生态文明建设迈上新台阶》，《光明日报》2018年5月20日。

② 习近平：《在二十国集团领导人利雅得峰会"守护地球"主题边会上的致辞》，新华社，2020年11月22日。

最高增产400%，当地农民心里乐开了花；在南非中部德阿地区的山地上，一座座中国制造的白色风机昂然矗立，由中企运营的德阿风电项目每年发电量超过7.5亿千瓦时，相当于减排二氧化碳70多万吨。该项目还通过全球碳交易市场出售碳排放量，实现了环境和经济的双重收益。

中国的防沙治沙"药方"，为蒙古国治理荒漠化带来希望；节能改造项目，让哈萨克斯坦的奇姆肯特炼油厂焕发新生；菌草种植技术，为中非共和国、斐济、老挝、莱索托等100多个国家和地区创造了绿色就业机会。[①]

文明，是人类社会进步的产物，是人类历史积累下来的有利于认识、适应和改造客观世界，符合人类的精神追求，被绝大多数人认可和接受的物质与精神成果的总和。人类社会诞生至今已经历了三个文明阶段。首先是原始文明。在原始社会，人们相互依赖，利用集体的力量从自然界获取生产生活资料，人类的物质生产活动主要依靠采集、渔猎，这一过程持续了上百万年。其次是农业文明。冶铁技术的出现，使人类改变自然的能力得到了巨大提升，这一过程持续了近万年。最后是工业文明。18世纪以来，以英国工业革命为标志，人类进入工业化与现代化社会，这一过程仅历时三百年。

1962年美国生物学家蕾切尔·卡逊出版了《寂静的春天》一书，书中阐释了农药杀虫剂DDT对环境的污染和破坏作用。由于该书的警示，美国政府开始对剧毒杀虫剂问题进行调查，并于1970年成立了环境保护局，各州也相继通过禁止生产和使用剧毒杀虫剂的法律。这是20世纪环境保护运动兴起的一个肇始。

有关环境保护与经济发展关系的认识，主要概括为三个阶段、四个

---

① 《携手共建生态良好的地球美好家园（命运与共·全球发展倡议系列综述）》，《人民日报》2022年4月16日。

模型。1962—1972年，环境问题提出阶段。1972年6月，第一次"人类与环境会议"在瑞典首都斯德哥尔摩召开，会议讨论并通过了《人类环境宣言》，标志着全人类共同保护环境的开始。1972—1992年，可持续发展与三个支柱阶段。20世纪70年代以来，全球性问题频发，全球"能源危机"不断出现，在世界范围内出现了经济、社会和环境三个支柱的讨论，并对经济发展"增长的极限"进行了探讨，随即世界范围内的环保运动不断兴起。1983年11月，联合国世界环境与发展委员会成立，为人类经济发展的同时保护生态环境提供了指导。1987年，世界环境与发展委员会发布长篇报告《我们共同的未来》，提出了可持续发展这一经济发展模式。

1992—2012年，绿色经济与全球环境治理阶段。1992年6月，联合国环境与发展大会召开，会议通过了《里约环境与发展宣言》与《21世纪议程》，对当代世界的可持续发展进行了高度提炼，提出了可持续发展的四个模型。第一，环境与发展二维模型，该模型强调资源环境对经济社会发展的支撑作用；第二，可持续发展的三支柱模型，该模型侧重于经济、社会、环境三个方面的联动发展；第三，绿色经济四面体模型，指出政府、企业、社会以及个人对绿色发展的重要作用和相互影响、相互联系的角色；第四，经济发展质量的三层面模型，主张好的发展需要注重利用政府、企业、社会及个人等四个方面的资源。

"人与自然和谐共生"也体现生命共同体的概念，体现人和自然是一个整体，存在普遍联系关系。人与自然和谐共生，不是不发展，而是要追求高质量的绿色发展，实现现代化。合理地利用自然、改造自然，创造更多的物质文化财富满足人民群众的需要，不断提高人民群众的生活质量。要把保护生态环境和发展紧密结合起来，鼓励绿色生产，稳步推进供给侧结构性改革，保障绿色产品及服务的供给。建构生态补偿机制，科学布局生产、生活和生态空间，将良好的生态环境转化为经济社会发展的增长点，不断提高人民群众的生活质量，推动发展事业不断向前发展，既保护了生态环境，又实现了发展目标，共同推进人与自然和谐共生。通过抓环保改善民生促发展，形成保护生态环境和发展相互促进的良好局面。

生态文明建设关乎人类的共同命运，建设绿色家园是各国人民的共同梦想。中国特色社会主义事业"五位一体"总体布局，将创新、协调、绿色、开放、共享的发展理念注入中国经济转型。同时，中国还向全世界庄严承诺：力争二氧化碳排放量在2030年前达到峰值、在2060年前实现碳中和。作为全球气候治理的积极参与者，落实《巴黎协定》的行动派，全球生态文明建设的参与者、贡献者、引领者，中国将继续与各国携手并进，落实好全球发展倡议、全球安全倡议以及全球文明倡议，与世界各国一道共同谱写绿色发展的华美乐章。中国特色社会主义生态现代化建设模式给世界生态文明的发展提供了全新的道路选择，提供了中国方案。

第二章

生态文明建设示范广东实践

广东是"七山一水二分田"的林业大省。广东森林存在资源总量不足、发展不平衡，个别地方还面临着森林资源质量不高、管护机构不健全、生态产品价值实现机制不活、生态服务功能欠缺等难题。广东曾经缺林少绿、生态脆弱。清至民国时期，韩江流域森林生态系统遭到严重破坏，造成了水土流失、江河淤塞以及水患灾害频发。解放初，广东森林覆盖率比较低，经过多年的治理，广东省森林覆盖率由1949年的19.4%增加到20世纪80年代的30%再提高到2023年的58.7%，林地面积由1949年的5900万亩增加到20世纪80年代的6900万亩再提高到2023年的1.62亿亩。森林公园、湿地公园、自然保护区等自然保护地数量也稳步增长，森林蓄积量增长到6.24亿立方米，成为全国最"绿"省份之一。

一、习近平生态文明思想引领广东建设

从提出"对自然不能只讲索取不讲投入、只讲利用不讲建设"到认识到"人与自然和谐相处"，从"协调发展"到"可持续发展"，从"科学发展观"到"新发展理念"和坚持"绿色发展"，这些均表明我国的环境保护和生态文明建设已经处于世界领先水平，并作为一种执政理念和实践形态，贯穿于中国共产党带领全国各族人民实现全面建成小康社会的奋斗目标过程中，贯穿于实现中华民族伟大复兴的中国梦的美好愿景中。

（一）党和国家领导人关心广东生态发展

1. 毛泽东提出"注意水土保持工作"

鉴于广东的自然条件，以及传统的商业、轻工业优势，在国家的经

济发展大局中，广东被赋予着重发展农业、轻工业和出口创汇的重任。对于解决吃饭这种头等大事和加强对外经济交流，起到了不可替代的作用。中国革命建设关键时刻，毛泽东曾11次南下广东。中华人民共和国成立后毛泽东来广东8次，曾到越秀山游泳池、珠江游泳场。

在中共早期和第一次国内革命战争时期，毛泽东曾3次前来广东从事革命活动，参与确立、发展、巩固和维护第一次国共合作，为党培养了大批农民运动骨干。尤其是关于建立革命统一战线、农民革命运动的实践，成为毛泽东新民主主义革命理论的源头之一。第一次国共合作时期，由共产党人彭湃等倡议，以国民党名义开办了农民运动讲习所，毛泽东兼任第五届的教员。1926年5月3日，随着全国农民运动迅猛发展，为了迎接北伐战争，国共两党在广东继续开办第六届农民运动讲习所，由毛泽东任所长。

中华人民共和国成立后，毛泽东8次南下广东，多次畅游珠江。正是在广东，他作出了有关新中国建设和发展的诸多决策：1954年11月3日至11月26日在穗主持中央工作会议，修改审定"一五计划"；《论十大关系》第一次提出了探索适合中国实际的社会主义建设道路，对中国与外国的关系以及利用外资问题进行了探讨；此外，起草了《农村人民公社工作条例（草案）》。可以说，毛泽东有关中国革命、建设的思想，很多与广东息息相关。[①]

林业对防止水土流失的作用，受到毛泽东的高度关注。广东省台山县田美村人多地少，1954年成立农业生产合作社后，组织社员到距村43里的荒山区，开垦出部分水田、旱地，解决了剩余劳动力出路和增加社员收入问题。毛泽东看到这个材料后，立即指出，"必须注意水土保持

---

① 《饮茶粤海未能忘　击水珠江遇飞舟》，《南方日报》2016年6月8日。

工作，决不可以因为开荒造成下游地区的水灾"。①早在1930年10月毛泽东就在《兴国调查》报告中指出，椆田之所以容易发生水、旱灾，是因为那一带的山都是走沙山，没有树木，山中沙子被水冲入河中，河高于田，一年高过一年，河堤一决便成水患，久不下雨又成旱灾。毛泽东指出，保护树木，要有切实可行的措施。在这里，毛泽东已经看到治水必先治山，植树造林，搞好水土保持，是避免水、旱灾害的办法之一。

1950年4月5日，广东省林业厅在《广东省各县林业当前工作方针与实施纲要（草案）》中提出：当前林业工作方向以普遍护林为主，严防森林火灾、盗伐，有重点地发动群众造林，进行全省林业调查，以及培训干部，设立林业机构和配备专人、成立林场和林草种苗工作站等。②

1956年3月31日，广东省委印发《广东省七年农业建设规划（草案）》，要求到1962年基本完成绿化全省（80%的面积）。4月7日，省统计局在《南方日报》刊发的《关于1955年度广东省国民经济发展和国家计划执行情况的公报》指出：1955年全民造林258万亩，完成计划142%。1958年广东省林业厅在第一个五年计划总结中指出：完成造林2200亩，超过中央下达计划的1.6倍。③

广东省陆地海岸线长4114.3公里，台风发生频率和强度居全国首位。1956年，博贺镇林业技术人员和村民经过多年实践，在荒芜的博贺村沙滩上试种成活第一片防护林——博贺林带，成为中国第一条沿海防护林带。博贺林带被誉为"南海绿色长城"，全长14.6公里，3964亩，种植树种以木麻黄为主。1958年，广东提出倡议绿化5000多公里的海岸

① 《毛泽东文集》第6卷，人民出版社1999年版，第466页。
② 广东省地方史志编纂委员会编：《广东省志·林业志》，广东人民出版社1998年版，第7页。
③ 广东省地方史志编纂委员会编：《广东省志·林业志》，广东人民出版社1998年版，第16页。

线（包括海南省）。1965年，《人民日报》发表了题为《学习电白，绿化祖国》的社论，号召全国各地学习电白造林绿化工作，拉开全国沿海防护林体系建设的序幕。自20世纪50年代以来，广东省持续推进沿海防护林体系和红树林建设，通过"造、改、封、育"等措施，大力开展海岸基干林带和纵深防护林修复和保护。截至2019年，广东省3207.9公里宜林海岸已营建防护林带2885公里，宜林海岸防护林带基本合拢，初步建成了"山、海、路、田、城"相连的防护林体系框架，纵深防护林农田林网控制率达86.9%，全省149.1万亩沙化土地得到初步治理，占沙化土地总面积的90.7%。①

1968年9月，"世界生物圈大会"在法国巴黎举行，该会议由联合国教科文组织举办，大会初步提及人与自然界共同发展的理念。1971年，在联合国教科文组织年度大会上，前总干事勒内·马修首次提出"人与生物圈计划"（MAB），随后，"人与生物圈计划"第一届国际协调理事会召开，讨论成立国际性的政府间合作研究和培训，为合理利用和保护生物圈的资源，保存遗传基因的多样性，改善人类同环境的关系，提供科学依据和理论基础。1973年，中国首次派遣代表团参加"人与生物圈计划"国际协调理事会，当年中国便加入了这一计划，经国务院批准，1978年中国成立了人与生物圈国家委员会。1979年，有多个中国国家级自然保护区成为"人与生物圈计划"的生物圈保护区，包括吉林长白山国家级自然保护区、广东鼎湖山国家级自然保护区以及四川卧龙国家级自然保护区。目前，我国已有长白山、鼎湖山、卧龙、武夷山、梵净山、九寨沟、珠穆朗玛峰、五大连池和亚丁等34个自然保护地成为世界生物圈保护区，总数位居亚洲第一，表明我国的生态环境保护取得了

---

① 《广东营建沿海防护林带2885公里，宜林海岸线绿化率达89.9%，数量位居全国前列》，《羊城晚报》2019年9月17日。

巨大成就。

2. 邓小平提出"特区'大胆地试，大胆地闯'"

（1）支持广东改革

1978年，党的十一届三中全会拉开了中国改革开放的大幕。改革开放总设计师邓小平审时度势，选择广东这块热土开篇布局。以习仲勋同志为代表的广东改革开放开创者先行者们敢闯敢试、敢为人先，"杀出一条血路"。

习仲勋是老一辈革命家，他在1978年春至1980年底主政广东。1978年7月，在偷渡之风初起时，习仲勋就轻车简从，到问题严重的宝安考察，认为制止群众性外逃的根本措施是发展经济，"只要对人民有利、对国家有利，我们就干，胆子就大一点"。1978年，宝安农民的年收入虽然达到了134元，高于广东全省农民人均收入的77.4元，但它却与一河之隔的香港新界农民年收入的13 000元港币差了近一百倍。习仲勋同志向中央建议，希望允许广东吸收港澳华侨资金、开展"三来一补"，批准在毗邻港澳的深圳、珠海以及属于重要侨乡的汕头等地，各划出一块地方，建设"贸易合作区"。1978年，港澳经济考察组向中央建议：将广东的宝安、珠海两县改为省辖市，建设成为具有相当水平的对外生产基地、加工基地，以及吸引港澳游客的游览区。这一建议被党中央采纳，并于1979年3月在国务院批准下分别设立了深圳市与珠海市。1979年4月，中共中央工作会议召开，广东省委负责同志建议中央在深圳、珠海、汕头等地开办出口加工区，以吸引港澳两地的投资，促进当地经济发展。邓小平在听取汇报后指示："还是叫特区好，可以划出一块地方，叫作特区"。1979年7月，中央印发50号文件，批准广东采取灵活的措施和相关特殊优惠政策开展对外经济活动，并在深圳、珠海两地试办"出口特区"。1980年3月，中共中央在广州召开广东、福建两省工作会议，研究并提出了试办经济特区的一些重要政策与举措；1980年5月，中共中央、国务院批准了《广东、福建两省会议纪要》，原先提出的"出口特区"正式改名为"经济特区"。1980年8月21日，时任国家进出口管理委员会、国家外国投资管理委员会副主任的江泽民在第五届全国人大常委会第十五次会议上，对在广东、福建两省设置经济特区和《广东省经济特区条例》等进行了详细说明。26日，第五届全国人大常委会第十五次会议正式批准了在广东深圳、珠海、汕头和福建厦门设立经济特区的决定，并通过了《广东省经济特区条例》。

在广东工作的两年中，习仲勋同志和广东省委坚决贯彻落实中共中央《关于进一步加强和完善农业生产责任制的几个问题的通知》［即中发（1980）75号文件］，在广东全面推广家庭联产承包责任制，探索出了"三定一奖""五定一奖"生产责任制创新模式，在城市推广了超计划利润提成奖、扩大企业自主权的"清远经验"等，使广东省的农村与城市的经济发展得到了巨大改变。1980年，广东全省的粮食产量达到32亿斤，比1979年增产11亿斤；全省农村人均收入达274元，比1979年平均增收51元，处于全国领先地位。在此背景下，农村开始出现盖新房子多、购置耕牛农具多、重视科学种田多的"三多"新气象。[①]

邓小平两次南下广东视察。1984年，邓小平对办好经济特区和增加对外开放城市的问题作出强调："特区成为开放的基地，不仅在经济方面、培养人才方面使我们得到好处，而且会扩大我国的对外影响。听说深圳治安比过去好了，跑到香港去的人开始回来，原因之一是就业多，收入增加了，物质条件也好多了，可见精神文明说到底是从物质文明来的嘛！"1992年邓小平发表南方谈话："广东二十年赶上亚洲'四小龙'，不仅经济要上去，社会秩序、社会风气也要搞好，两个文明建设

---

① 《习仲勋主政广东的历史功绩：改革开放天下先》，中国共产党新闻网，2012年12月10日。

都要超过他们，这才是有中国特色的社会主义。"他充分肯定经济特区取得的成就，勉励特区"大胆地试，大胆地闯"。"不坚持社会主义，不改革开放，不发展经济，不改善人民生活，只能是死路一条。基本路线要管一百年，动摇不得。"

（2）植树造林，绿化祖国

植树造林，绿化祖国，是建设社会主义现代化国家，造福中华民族子孙后代的伟大事业；是治理祖国山河，维护和改善祖国生态环境的一项重大战略措施。1978年，邓小平等中央领导同志在《关于在我国北方地区建设大型防护林带的建议》上作出重要批示，支持在我国西北、华北、东北地区开展防护林建设。1981年12月13日，第五届全国人民代表大会第四次会议通过了《关于开展全民义务植树运动的决议》。这是中华人民共和国成立以来国家最高权力机关对绿化祖国作出的第一个重大决议。1982年2月27日，国务院颁布了《关于开展全民义务植树运动的实施办法》。从此，全民义务植树运动以其特有的公益性、全民性、义务性、法定性在中华大地蓬勃开展。1982年3月12日，邓小平率先垂范，带领家人在京西玉泉山种下了中国义务植树运动的第一棵树。1982年11月，他为全军植树造林总结经验表彰先进大会题词："植树造林，绿化祖国，造福后代。"1991年3月7日，他为全民义务植树十周年再次挥毫："绿化祖国，造福万代"。1992年春天，88岁高龄的邓小平视察深圳期间，在仙湖植物园种下了一株高山榕。

广东林业在遭受了1958年、1968年、1978年三次乱砍滥伐的严重破坏之后，1979年3月2日省革委决定，在3月12日，植树节前后用一周时间，开展群众性植树活动。1979年3月12日，广东省和广州市的党、政、军负责人习仲勋、杨尚昆、刘田夫、郭荣昌、王全田、黄荣海等及省、市机关干部共1万多人，在白云山植树造林。1979年12月20日《南方日报》报道：省革委主任习仲勋在《政府工作报告》中提出在林业方面"要大力发展山区生产，林区要以林为主，林粮结合，大搞多种经营，全面发展"。①

1985年，广东全省仅剩6900万亩森林，荒山却达到了惊人的5800万亩，占广东省山地总面积的三分之一还要多；同时，广东省全省的水土流失情况相当严峻，流失面积达1.2万平方公里，并且以每年140平方公里的速度扩展。面对如此严峻的形势，1985年广东省委、省政府迅速采取行动，作出了《关于加快造林步伐，尽快绿化全省的决定》，提出了"五年消灭荒山，十年绿化广东"的口号。当年，广东省举全省之力，投入资金13亿人民币，实现植树造林5080万亩，封山育林1050万亩，广东全省95%的宜林山地均种上了绿色植物，极大缓解了广东的水土流失状况。在此背景下，到1986年，广东全省的森林活立木年生长量首次抵消了年消耗量，全省森林资源的"赤字"现象从此消失。自1987年开始，全省的森林资源年生长量开始逐步大于年消耗量，全省的森林资源开放与利用进入良性循环阶段。1991年3月，党中央、国务院授予广东省"全国荒山造林绿化第一省"称号。同年，广东荣获"全国荒山造林绿化第一省"获评广东省委宣传部等单位联合主办的"改革开放30周年最具影响力事件"之一。②截至1994年，全省完成绿化达标任务的县（市、区）多达106个，提前两年实现了绿化广东的宏伟目标。

3. 江泽民提出"三个代表"重要思想

（1）把植树造林工作搞下去

1991年3月7日，江泽民为全民义务植树运动十周年题词"全党动员，全民动手，植树造林，绿化祖国"。1999年4月3日，江泽民在首都

---

① 广东省地方史志编纂委员会编：《广东省志·林业志》，广东人民出版社1998年版，第30页。

② 《献礼祖国七十周年华诞，广东将推出林业建设的"首个"与"之最"系列报道》，广东省林业局，2019年5月30日。

参加全民义务植树活动时讲话："只有全民动员，锲而不舍，年复一年把植树造林工作搞下去，才能有效地遏制水土流失，防止土地沙漠化，为人民造福。这是关系到中华民族下个世纪和千秋万代的大事，必须充分重视，抓紧抓好。"①

勇于探索林业经营改革之路。1991年广东省林业厅出台《广东"国家造林项目"丰产林标准》《广东"国家造林项目"造林成本监测方案》《广东"国家造林项目"全面质量管理考核评分标准》。②1993年底全省共有乡、镇林业工作站1374个，人员8334人，其中有技术职称的1217人；全年培训站长194人，工作人员1020人。

1994年，广东省委、省政府专门为绿化广东作出了相关决定，包括《关于继续奋战五年确保如期绿化广东的决定》《关于巩固绿化成果，加快林业现代化建设的决定》等，提出了探索林业改革的相关举措，率先在全国范围内实施林业分类经营改革；提出到20世纪末广东省林业的总体发展目标：初步建立生态公益林体系和适应社会主义市场经济体制的林业产业体系，初步实现"优化环境、富山富民富行"。同时，广东省人大常委会作出《关于继续奋战绿化广东大地》的决议。为了实现绿化广东的目标，全省共召开9次山区工作会议，多次组织县委书记召开会议，以及召开了7次全省造林绿化电话会议，针对绿化广东进程中出现的各种新情况、新问题进行统一部署、落实解决，强化了全省人民对绿化广东的支持与认识。1994年4月，广东省人大常委会通过了全国第一个地方性林业法规《广东省森林保护管理条例》。

1997年8月，《广东省外商投资造林管理办法》颁布，在全国第一

---

① 李涛、武卫政、孙杰：《江泽民等参加首都全民义务植树活动》，《光明日报》1999年4月4日。

② 广东省地方史志编纂委员会编：《广东省志·林业志》，广东人民出版社1998年版，第51—52页。

次鼓励外商参与造林经营活动。1998年11月，《广东省生态公益林建设管理和效益补偿办法》出台，将生态公益林的经营管理纳入公共财政预算，由政府对生态公益林经营者的经济损失给予补偿。这一改革和创新，使广东在1999年被国家林业局定为全国唯一的省级林业分类经营改革示范区。

（2）推进可持续发展

2001年，江泽民在中央人口资源环境工作座谈会上发表重要讲话，特别强调了环境保护工作。他说，环境保护工作，要充分认识治理污染、改善环境的长期性、艰巨性、复杂性，在保持中国经济持续健康发展的同时，力争环境污染的状况有所减轻，生态环境恶化的趋势得到改善。①2002年江泽民在全球环境基金第二届成员大会发表题为《采取积极行动，共创美好家园》的讲话。他指出："推进可持续发展，要求我们努力实现经济增长、环境保护和社会全面进步的协调。"②"1998年到2002年，中国在环境保护和生态建设方面的投入达到5800亿元人民币。中国一直认真履行签署的环境公约，最近又核准了《京都议定书》。"

1994年2月5日，《濒危野生动植物种国际贸易公约》常委会主席霍斯金率代表团抵粤，在湛江现场监督销毁非法经营的犀牛角和参观塞坝口仓库，并与时任省人民政府副秘书长游宁丰会谈。

（3）"三个代表"重要思想首次提出

1998年11月，中共中央发出《关于在县级以上党政领导班子、领导干部中深入开展以"讲学习、讲政治、讲正气"为主要内容的党性党风教育的意见》，决定在全党开展为期两年的"三讲"教育。2000年

---

① 《江泽民强调要防治新的环境污染和生态破坏》，中国新闻网，2001年3月12日。

② 《江泽民在全球环境基金第二届成员国大会讲话》，中国新闻网，2002年10月16日。

2月，江泽民前往广东考察并出席了茂名高州市领导干部"三讲"教育会议。正是在广东考察期间，江泽民首次提出了"三个代表"重要思想。2000年2月25日，江泽民总结中国共产党七十多年的历史，得出一个重要的结论："我们党之所以赢得人民的拥护，是因为我们党在革命、建设、改革的各个历史时期，总是代表着中国先进生产力的发展要求，代表着中国先进文化的前进方向，代表着中国最广大人民的根本利益，并通过制定正确的路线方针政策，为实现国家和人民的根本利益而不懈奋斗。"①江泽民从全面总结党的历史经验和如何适应新形势新任务的要求出发，首次比较全面地阐述了"三个代表"重要思想。2001年7月1日，在庆祝中国共产党成立80周年大会上，江泽民发表重要讲话，系统阐述了"三个代表"重要思想的科学内涵和精神实质。他指出："总结八十年的奋斗历程和基本经验，展望新世纪的艰巨任务和光明前途，我们党要继续站在时代前列，带领人民胜利前进，归结起来，就是必须始终代表中国先进生产力的发展要求，代表中国先进文化的前进方向，代表中国最广大人民的根本利益。"②"三个代表"重要思想的提出，深化了中国共产党对中国特色社会主义的认识，是我们党的立党之本、执政之基、力量之源。党的十六大高度评价"三个代表"重要思想的历史地位和重要作用，把"三个代表"重要思想写入党章，将其同马克思列宁主义、毛泽东思想、邓小平理论一道确立为中国共产党必须长期坚持的指导思想，实现了中国共产党指导思想的又一次与时俱进。"三个代表"重要思想是在邓小平理论的基础上，进一步回答了"什么是社会主义、怎样建设社会主义"的问题，创造性地回答了建设什么样的党、怎样建设党的问题。

---

① 《江泽民文选》第3卷，人民出版社2006年版，第2—3页。

② 《江泽民在庆祝中国共产党成立80周年大会上的讲话》，中国日报网，2003年11月18日。

（4）深圳情缘

"1980年，我来深圳就筹建经济特区进行考察时，深圳还是一个边陲小镇。二十年弹指一挥间，现在的深圳已成为一座美丽的现代化城市。深圳和其他经济特区、浦东新区的发展，是改革开放以来我国实现历史性变革和取得伟大成就的一个精彩缩影与生动反映，也是对党的正确领导和社会主义制度优越性的一个有力印证。"[1]1980年5月，深圳从全国各地邀请了一百多位规划专家来做经济特区的规划论证；1980年8月8日至12日，时任国家进出口管理委员会、国家外国投资管理委员会副主任兼秘书长、党组成员江泽民，带领一个小组到深圳、珠海实地调研。江泽民以他的远见，支持了规划专家的意见，搬掉罗湖山，填高罗湖区，优先开发罗湖，将昔日的低洼泽国变成了现代化的深圳新城。广东经济特区筹备小组起草了《广东省经济特区条例》，江泽民参加了近十次的修改过程。1980年8月，在五届全国人大常委会第十五次会议上，江泽民作了关于在广东、福建两省设置经济特区和《广东省经济特区条例》的说明，为会议审议通过相关议案提供了重要依据。1980年8月26日，全国人大常委会批准了国务院提出的《广东省经济特区条例》，并予以公布。该条例的通过，以国家法律形式宣告经济特区正式诞生，把特区建设纳入了法制轨道。

1990年6月19日至27日，江泽民视察广东，重点考察经济特区的建设和发展。他强调："广东十年来的巨大变化和成就，充分说明党中央关于改革开放的决策是完全正确的，今后要再接再厉，更坚决、更扎实地贯彻改革开放政策，进一步办好经济特区，搞好沿海对外开放，把国民经济搞上去。"[2]"经济特区的有关政策，党和国家要保持其稳定性

---

① 《江泽民在深圳经济特区建立二十周年庆祝大会上的讲话》，《光明日报》2000年11月14日。

② 《扬帆导航济沧海——中央两代领导核心关怀经济特区纪实》，《人民日报》2000年8月28日。

和连续性，并在实践中逐步完善。"他十分注意了解党的建设和社会主义精神文明建设的情况。1990年7月3日，江泽民为深圳经济特区创办10周年题词："继续办好深圳经济特区，努力探索有中国特色的社会主义路子。"①其反复强调，坚持对外开放，必须始终坚持社会主义方向，坚持"两个文明"一起抓，要抓好党的建设和思想政治工作，加强精神文明建设。1990年11月25日至29日，江泽民到广东视察工作。26日，江泽民出席深圳市委、市政府举行的深圳经济特区建立10周年庆祝大会并发表重要讲话。他指出："经济特区建设所取得的成就充分证明，创办经济特区的实践是成功的，实行改革开放的总方针是完全正确的。"28日，珠海市委、市政府举行珠海经济特区建立10周年庆祝大会，江泽民等党和国家领导人出席。在江泽民等中央领导同志的坚定支持下，"股票市场问题，应该让深圳继续试验"。在此背景下，深圳证券交易所于1990年12月开始试运行；到了1991年7月，经中央政府批准，深交所正式开业。

1994年6月，江泽民特地来到深圳、珠海考察。他明确指出："中央对发展经济特区的决心不变，中央对经济特区的基本政策不变，经济特区在全国改革开放和现代化建设中的历史地位和作用不变。"②"决心不变""基本政策不变""地位和作用不变"——肯定的答案，让经济特区干部群众吃下了"定心丸"，为广大干部群众坚定决心把经济特区办得更好提供了坚强后盾。

1995年12月，江泽民再次到深圳考察，重申中央对特区"三不变"方针，希望经济特区广大干部群众在更高的层次和更宽的领域进一步深

---

① 《中国共产党大事记1990年—1995年》，http://news.cctv.com/news/special/zt1/shenzhen/1445.html。

② 《扬帆导航济沧海——中央两代领导核心关怀经济特区纪实》，《人民日报》2000年8月28日。

化改革、扩大开放，努力增创各个方面的新优势，"更好地发挥深圳经济特区对外开放的窗口作用，经济体制改革的试验场作用，对内地的示范、辐射和带动作用，对保持香港繁荣稳定的促进作用"。江泽民还为深圳经济特区建立15周年题词："增创新优势，更上一层楼"。[①]

2000年2月，江泽民又一次来到深圳考察，对深圳及其他经济特区的发展变化给予高度肯定。同年11月，江泽民出席深圳经济特区建立20周年庆祝大会。他在讲话中强调："经济特区要继续当好改革开放和现代化建设的排头兵，继续争当建设有中国特色社会主义的示范地区，继续充分发挥技术的窗口、管理的窗口、知识的窗口和对外政策的窗口的作用，努力形成和发展经济特区的中国特色、中国风格、中国气派。"[②] 深圳经济特区发挥技术、管理、知识、对外政策的四个窗口作用。1999年与1994年相比，国内生产总值由615亿元增加到1436亿元，年均递增18.5%；人均国内生产总值从1.95万元增加到3.59万元；居民人均可支配收入由1.09万元增加到2.02万元；外贸进出口总额由349.8亿美元增加到504.3亿美元，其中出口总额由183亿美元增加到282亿美元；地方预算内财政收入由74.4亿元增加到184.8亿元。

"增创新优势，再上一层楼"，这是江泽民2000年再次与广东代表一起说发展，对广东提出的发展思路，勉励特区"继续当好改革开放和现代化建设的排头兵"。

4. 胡锦涛提出"科学发展观"

（1）人与自然和谐发展

2004年，胡锦涛在植树节指出："植树造林，绿化祖国，加强

---

① 《中国共产党大事记1990年—1995年》，http://news.cctv.com/news/special/zt1/shenzhen/1445.html。

② 《江泽民在深圳经济特区建立二十周年庆祝大会上的讲话》，《光明日报》2000年11月14日。

生态建设，是促进人与自然和谐发展的重要任务，是功在当代、利在千秋、造福人民的大事。要高度重视，常抓不懈，不断取得新的成效。"①2005年，深圳率先划定生态控制线，把全市接近一半的陆域面积列入生态红线加以保护。同年，广东省委、省政府作出了《关于加快建设林业生态省的决定》，确立了以生态建设为主的林业可持续发展道路，率先在全国推进林业生态省建设。2008年8月，《中共广东省委广东省人民政府关于推进集体林权制度改革的意见》正式出台，标志着涉及广东1.51亿亩集体林地的产权制度改革揭开了大幕。科学发展生态林业、民生林业、文化林业、创新林业、和谐林业，率先探索生态文明发展道路，广东林业改革再一次踏上新的征程。

（2）科学发展观

20世纪90年代，胡锦涛曾多次到深圳、珠海、汕头、厦门、海南考察。2003年突如其来的"非典"疫情给社会发展带来很多启示，其中之一就是要统筹经济社会协调发展，树立协调的发展观。"要依靠科学，不断完善治疗方案，尽快查出确切病因。要依靠群众，充分发挥我们的政治优势，努力夺取与疫病斗争的全面胜利。"②2003年4月，在"非典"疫情期间，胡锦涛亲赴广东视察，结合改革开放和社会主义市场经济的实践，深入思考中国为什么发展、为谁发展和怎样发展的问题。

在广东考察时，胡锦涛强调"要坚持全面的发展观，积极探索加快发展的新路子"。③胡锦涛在2003年7月28日全国防治"非典"工作会议上的讲话中指出："我们讲发展是党执政兴国的第一要务，绝不只是指经济增长，而是要坚持以经济建设为中心，在经济发展的基础上实现

---

① 《胡锦涛江泽民等参加首都义务植树活动》，《新京报》2004年4月4日。
② 《胡锦涛广东考察：始终关心群众 全力防治非典》，南方网，2007年9月27日。
③ 《为全面建设小康社会、开创中国特色社会主义事业新局面而奋斗——党的十六大以来大事记（2）》，新华网，2007年10月9日。

社会全面发展。要更好地坚持全面发展、协调发展、可持续发展的发展观。"①2003年8月28日至9月1日，胡锦涛在江西考察工作时明确使用"科学发展观"概念，提出要牢固树立协调发展、全面发展、可持续发展的科学发展观。②

（3）继续当好排头兵

为把握改革开放最前沿的发展律动，2003年4月，胡锦涛在广东深圳等地考察期间，提出了四个方面的明确要求："一是经济特区要在建立社会主义市场经济体制和运行机制上继续当好排头兵，加大深化改革的力度，加快全面改革的步伐。二是要把对内改革和对外开放更好地结合起来，在参与国际经济合作、实现同国际市场顺利接轨方面取得新进展、新突破。三是要从实际出发，抓紧调整和优化产业结构，大力发展高新技术产业和资金技术密集型产业，依托优势产业和拳头产品，组建跨地区、跨行业的大型企业集团，增强竞争能力，提高特区经济的总体水平、运行质量和经济效益。四是要坚持按照党的基本路线的要求，时刻把握全党工作大局，正确处理好改革、发展、稳定三者的关系，加强精神文明建设，加强思想政治工作，持之以恒地搞好社会治安的综合治理，为经济发展创造良好的社会环境。"③胡锦涛强调，在新世纪新阶段，包括经济特区在内的东部地区"正处在一个新的发展起点上，面临着新机遇、新挑战、新任务"，要"进一步增强加快发展、率先发展、协调发展的历史责任感和使命感"，"在全面建设小康社会、加快推进社会主义现代化进程中更好地发挥

---

① 《为全面建设小康社会、开创中国特色社会主义事业新局面而奋斗——党的十六大以来大事记（2）》，新华网，2007年10月9日。

② 《中华人民共和国大事记（2003年）》，新华社，2009年10月9日。

③ 《胡锦涛三次到深圳考察　寄语：不自满不松懈不停步　发展高新技术产业掌握核心技术》，《瞭望》新闻周刊，2010年8月25日。

排头兵作用"。①

2004年12月，胡锦涛再次到广东考察，提出："抓住全球产业调整转移步伐加快的机遇，加大结构调整力度，推动结构优化升级，促进增长方式由粗放型向集约型转变"；"进一步加大改革力度，围绕解决影响发展全局的深层次矛盾和问题，不失时机地把各项改革引向深入"；"提高引进外资的质量和水平，把引进技术与调整产业结构、提高产品质量紧密结合起来"；"确保群众合理的利益要求得到妥善处理和解决，努力创造和谐稳定的社会环境"。②胡锦涛的指示高屋建瓴，为广东省推动科学发展提出了明确要求，既立足于深圳、珠海等经济特区当前的实际情况，又充分考虑了经济特区的长远发展。

2009年12月，胡锦涛在听取广东省委和省政府的工作汇报后，提出："要深入贯彻落实科学发展观，进一步解放思想、开拓创新、真抓实干，努力当好推动科学发展、促进社会和谐的排头兵，在改革开放和社会主义现代化建设中取得新进展、实现新突破、迈上新台阶"；"要扎实推进社会管理体制建设，确保社会和谐安定"。③

2010年，在深圳经济特区建立30周年庆祝大会上，胡锦涛强调："要加强能源资源节约和生态环境保护，推广低碳技术，发展绿色经济，倡导绿色生活，率先建成资源节约型、环境友好型社会。"④要求特区"不仅要办下去，而且要办得更好"。

---

①　凌广志、王传真、邹声文：《东风唤得大地春——党中央关心经济特区纪实》，新华网，2010年9月8日。

②　凌广志、王传真、邹声文：《东风唤得大地春——党中央关心经济特区纪实》，新华网，2010年9月8日。

③　凌广志、王传真、邹声文：《东风唤得大地春——党中央关心经济特区纪实》，新华网，2010年9月8日。

④　《胡锦涛在深圳经济特区建立30周年庆祝大会上讲话》，新华社，2010年9月6日。

（4）积极稳妥推进粤港澳合作

2008年，时任中共中央政治局常委、中央书记处书记、国家副主席习近平在广东考察工作时强调，"各级党组织要深入学习贯彻胡锦涛同志在抗震救灾先进基层党组织和优秀共产党员代表座谈会上的重要讲话，进一步加强党的建设，进一步在解放思想中牢固树立科学发展、协调发展、和谐发展理念，坚决突破影响和制约科学发展的思维定势和体制障碍，推动经济社会沿着科学发展轨道不断迈出新步伐；广东等各有关方面要坚持互利互惠、合作共赢，积极稳妥推进粤港澳合作，不断开创新局面"。[①]

进入新时代，习近平总书记赋予经济特区新的历史使命，明确要求其成为改革开放的重要窗口、试验平台、开拓者、实干家。广东从一个经济相对落后的农业省发展成为全国第一经济大省，经济总量率先突破10万亿元，达10.77万亿元；财政收入达1.27万亿元，是全国首个超万亿元的省份；外贸进出口总额达7.14万亿元，约占全国1/4；区域创新综合能力跃居全国首位；各类市场主体超过1300万户，约占全国1/10；规模以上工业企业和国家级高新技术企业双双超过5万家，进入世界500强企业达14家。

（二）习近平关心广东生态文明建设

1. "三个定位、两个率先"

2012年12月7日至11日，习近平总书记来到深圳、珠海、佛山、广州等地，深入农村、企业、社区、部队和科研院所进行调研。他表示："此次调研之所以到广东，就是要到在我国改革开放中得风气之先的地方，现场回顾我国改革开放的历史进程，将改革开放继续推向前

[①]　《习近平在广东考察工作时强调以加强党建保证科学发展以互利共赢促进粤港澳合作》，新华网，2008年7月6日。

进。"①这是党的十八大之后习近平总书记第一次到地方考察调研。改革开放以来，广东发展突飞猛进，经济总量连续居全国第一。

2012年，广东全省人均GDP超8000美元，依照世界银行的标准，广东全省已迈入中上等收入国家（或地区）门槛。然而，中国虽一直以来都有"世界工厂"的称号，但却在低端产业链内徘徊，经济发展效率相对较低，面临的产业升级任务非常艰巨，广东省是其中的典型代表。同时，广东省的区域发展也存在不平衡，除珠江三角洲以外的12个市的人均生产总值还相对较低，甚至部分地区还在全国平均水平以下。可见，广东省要想在全面建成小康社会、实现社会主义现代化等方面走在全国前列，还需要进一步努力。在从农业社会到工业社会、从传统社会到现代社会的双重转型过程中，广东省只花了几十年时间就走过了西方国家两三百年来才走完的路，各种本应在不同发展阶段出现的问题极有可能集中爆发。因此，广东省在接下来的经济发展中，不仅需要解决经济发展中的各种难题，而且还要破解生态环境等难题，这需要长久的时间持续发力，并做好顶层设计。

（1）打好治污保卫战

"珠三角现在PM2.5是多少？""广州市对机动车限行限购吗？""东江的水质怎么样？"2014年3月6日上午，习近平总书记在广东代表团参加审议时提出以上问题。为什么习近平总书记关心广东的绿水青山？这与历任国家领导人关心广东环境保护的传统有关。

1956年5月，毛泽东在广州造纸厂视察，指示要将当废料烧掉的粗木渣利用起来。20世纪60年代初，毛泽东提出"综合利用，化废为宝"的思想。1960年4月，毛泽东在同李富春、李先念、薄一波、陈正人等谈话

---

① 《习近平在广东考察时强调：做到改革不停顿　开放不止步》，新华网，2013年11月10日。

时指出：各部门都要搞多种经营、综合利用，要充分利用各种废物，如废水、废液、废气等。他还风趣地说道：实际都不废，好像打麻将，上家不要，下家就要。1965年10月，毛泽东在主持中央工作会议第二次会议时说："讲综合利用，结果年年不搞综合利用。炼焦要综合利用，火车上烧煤，百分之九十几都没有利用，这个煤炭的热能只利用了百分之几。"①可见，毛泽东对当时我国综合利用的落实状况并不满意，表明他对这一问题的高度重视。

1973年10月，邓小平在陪同来访的加拿大总理特鲁多参观桂林山水时，看到芦笛岩下浑浊的芳莲池水、江边冒着浓烟的工厂烟囱，以及漓江上绵延十多公里的污水带，他语重心长地对随同的地方领导说："桂林是世界著名的风景文化名城，如果不把环境保护好，不把漓江治理好，即使工农业生产发展得再快，市政建设搞得再好，那也是功不抵过啊！"随后，广西地方领导便开始组织人员调查桂林漓江以及其他风景区的受污染状况，并将外宾对桂林漓江污染以及相关意见、建议整理成册，最后提出了环境整改方案。邓小平看了广西壮族自治区党委提交的相关汇报材料后，随即主持召开国务会议，召集有关部委负责人，对漓江的污染治理与环境保护进行了研究。随后，国务院便出台了《尽快恢复并很好保持桂林山水甲天下的风貌》的决定，要求"广西壮族自治区党委、政府把治理漓江提上议事日程，采取切实措施，尽快把漓江治理好"。

1978年10月，《国务院环境保护领导小组办公室环境保护工作汇报要点》明确把广西桂林列为全国环境污染重点治理的20个城市之一，在三至五年内对包括漓江在内的全国主要河流湖海的污染重点控制，并要

---

① 曹前发：《毛泽东生态思想初探》，载《毛泽东与中华民族伟大复兴：纪念毛泽东同志诞辰120周年学术研讨会论文集》（下），中央文献出版社2014年版，第154页。

求在八年内将水质恢复到良好状态，基本解决当地的大气、水质污染等问题。在随后的十多年里，桂林市对沿江数十家污染严重的工厂实施了关、停、并、转、迁等举措，并修建了多个城市污水处理厂以及一百多套工业废水处理设施，还对漓江沿岸实施封山育林、植树造林，并开展了漓江河堤整治、航道疏浚等工程。这是20世纪80年代以来全国范围内开展的对水体污染、工业污染声势最大、最为严厉的环境整治举措。

1978年12月，在党的十一届三中全会上，邓小平在《解放思想，实事求是，团结一致向前看》的讲话中指出："应该集中力量制定刑法、民法、诉讼法和其他各种必要的法律，例如工厂法、人民公社法、森林法、草原法、环境保护法、劳动法、外国人投资法等等，经过一定的民主程序讨论通过，并且加强检察机关和司法机关，做到有法可依，有法必依，执法必严，违法必究。"[①]在邓小平的推动下，仅在改革开放后的15年内，我国就初步建立了较为完善的生态环境保护法律体系，并建立了生态环保的"八项制度"，即环境影响评价制度、城市环境综合整治定量考核制、"三同时"制度、排污收费制度、环境保护目标责任制、排放污染物许可证制、限期治理、污染集中控制，对我国改革开放过程中各地的生态环境保护作出了突出贡献。广东省在20世纪90年代中后期开始系统研究大气污染治理问题，已形成了一套有效的区域大气污染防治机制：出台全国首个大气污染防治地方政府规章——《广东省珠江三角洲大气污染防治办法》，在珠三角地区建立了全国首个区域大气污染防治联席会议制度，在国内发布实施首个面向城市群的大气复合污染治理计划——《广东省珠三角清洁空气行动计划》，率先以改善大气环境质量为目标实施区域联防联控。推动"十二五"期间大气污染防治工作取得明显成效，珠三角地区细颗粒物（PM2.5）浓度在国家三大重点

---

① 《邓小平文选》第2卷，人民出版社1994年版，第146页。

防控区中率先达标。

2012年12月，习近平总书记在广东期间到广州东濠涌实地考察污水治理和生态文明建设情况。他发现目前广东资源环境承载能力接近极限，一些地方不同程度存在黑臭水体、大气污染、土壤安全等环境问题，群众反映十分强烈，改善生态环境质量尤为紧迫。党中央、国务院高度重视新污染物治理工作。

2013年11月，十八届三中全会召开，国家首次提出建立排污权交易制度。一个月后，广东省排污权有偿使用和交易试点在广州启动。排污权是指排污单位经核实，允许其排放污染物的种类和数量。建立排污权有偿使用和交易制度，是我国环境资源领域一项重大的基础性的机制创新和制度改革，是生态文明制度建设的重要内容。排污权有偿使用初始价格根据污染物治理成本、政策目标要求和企业与社会承受能力等变化情况适时进行调整。2013年12月18日，湛江市政府与广东京信电力集团有限公司、大唐国际发电股份有限公司广东分公司签署了排污权交易协议。首批排污权的交易量（按2年计）为13023.4吨，总交易额为2083.7万元。[1]2013年，广东省出台了《关于在我省开展排污权有偿使用和交易试点的实施意见》，试点范围增加了主要污染物排放量的项目需通过市场购买、政府出售等交易方式有偿取得排污权。针对排污权的有偿使用和交易试点进行了区分，分为一级市场与二级市场。一级市场主要由政府主导，政府对排污单位的排污指标进行分配，在试点阶段，这些排污指标并不征收有偿使用费，但会向有偿使用逐步过渡；二级市场主要由市场主导，在试点期间，二级市场的排污指标交易价格一方面由市场决定，另一方面则由政府调控，进而实现两者相结合。此外，已有排污指

---

① 邓圩：《首批交易量13 023.4吨、总交易额2083.7万元　广东正式启动排污权交易试点》，人民网，2013年12月18日。

标的单位如果因关闭、转产、工程治理等减排措施出现了排污指标盈余的情况，则在满足相关规定的前提下，可以到二级市场进行交易。

2014年，国务院办公厅印发《关于进一步推进排污权有偿使用和交易试点工作的指导意见》。这是国务院首次就"排污权交易"政策制定一系列基本原则及推进目标。2014年4月，广东省环保厅、财政厅联合下发了《广东省排污权有偿使用和交易试点管理办法》，该办法将二氧化硫和化学需氧量作为试点因子，纳入全省排污权有偿使用和交易范围，900余家排污单位可以申请。在试点推行过程中，主要遵循以下原则：第一，实行分级负责制原则。排污权初始分配实行分级负责制，由各级环境主管部门统一核定分配。由于珠江三角洲地区是国家大气污染联防联控的重点区域，因而该办法规定禁止将作为受让方的排污指标转让给非重点区域的交易方。第二，排污权有偿使用的原则。在试点期间，现有排污单位暂不征收排污权初始的有偿使用费。排污权的交易则应在经省人民政府批准的交易机构组建的合法交易平台上进行。可采取交易机构系统进行电子竞价、买卖双方协商确定价格转让、环保部门定向出让储备排污权以及法律法规规章规定的其他方式进行排污权交易。第三，防止污染转移嫁接的原则。排污单位的排污指标在符合污染物排放标准和环境质量要求的前提下可以跨区域流转，但是不得突破区域国民经济社会发展规划期的总量控制目标。未完成年度减排任务的地区，下一年度不得从其他区域购入排污指标。通过《广东省环境保护条例》的修订，建立排污权有偿使用和交易基本法律制度，制定排污权有偿使用和交易管理办法、排污指标分配办法、排污权有偿使用和交易价格、资金管理办法等一系列规范性文件，广东初步形成一套较完整的制度体系。

广东坚持把污染减排作为促进经济发展方式转变的重要抓手，大力推进工程减排、结构减排、监管减排，排污权作为一种新兴的要素市场，在经济发展与能源紧缺、环境污染等矛盾日益加重的背景下，对于以市场手段促进全社会的低成本节能减排，具有重要意义。排污权有偿使用和交易制度是环境经济制度的重大创新，通过树立"容量有限、资源有价、使用有偿"的环境资源价值理念，有利于推动企业自主创新和技术进步，提高污染减排的主动性和积极性，降低污染治理成本；有利于加快淘汰落后产能，提高环保准入门槛，为建立现代产业腾出环境容量，促进产业布局优化和转型升级；有利于促进环境管理方式由粗放型向精细化转变，全面提升环境管理水平；有利于创新环境管理体制机制，完善生态文明制度建设。2014年，广东省发展改革局、省财政厅、省环保厅出台了《关于二氧化硫和化学需氧量排污权有偿使用和交易价格的通知》，据此，从2014年8月12日起至2015年底广东省试点实行二氧化硫和化学需氧量排污权有偿使用和交易。根据污染物治理合理成本、环境资源稀缺程度、供求关系和企业承受能力，按照从低原则，二氧化硫排污权有偿使用初始价格确定为每年每吨1600元；化学需氧量排污权有偿使用初始价格确定为每年每吨3000元。《广东省排污权有偿使用和交易试点管理办法》明确指出，"鼓励金融机构提供排污权相关融资、清算等绿色金融服务"。2014年6月，兴业银行广州分行开展排污权质押融资业务，与环交所签约后，将安排100亿元信贷额度，专项用于环交所平台上各企业排污权质押融资业务，与广东省在排污权业务上进行深入合作。

（2）压实责任制

2012年，习近平总书记视察广东时提出殷切期望："要努力成为发展中国特色社会主义的排头兵、深化改革开放的先行地、探索科学发展的试验区，为率先全面建成小康社会、率先基本实现社会主义现代化而奋斗。"[1]落实"三个定位、两个率先"的要求，是党中央对广东要求

① 雷辉、李春：《以实干托举"中国梦"——广东：排头兵的新出发》，《南方日报》2013年3月14日。

的具体化。各项工作都要体现这个总目标的要求，广东提出"着力激发市场活力，着力推动产业转型升级，着力促进城乡区域协调发展，着力提高对外开放水平，着力保障和改善民生，着力维护社会稳定，着力保护好生态环境，着力加强党的建设"。围绕总目标开展战略和重要工作任务：一是实施创新驱动发展战略；二是实施粤东西北地区振兴发展战略；三是加快推进重大基础设施建设；四是积极培育大型骨干企业；五是扎实开展生态文明建设；六是持续提升民生福祉；七是在全面深化改革中走在前面，激发体制机制活力；八是提升开放水平，积极融入全球经济分工体系。

具体来看，广东为加大水污染的治理，分别在2016年、2017年、2023年出台《关于全面推行河长制的意见》《关于在湖泊实施湖长制的指导意见》《广东省河湖长制监督检查办法》政策。从省到地方基层自上而下建立了三级生态环境保护委员会和五级河长治水体系，各部门认真落实省级生态环境保护责任清单，生态环境保护"党政同责、一岗双责"全面压实。

2. "走在前列"的广东要求

2017年4月4日，习近平总书记对广东作出重要批示，希望广东"坚持党的领导、坚持中国特色社会主义、坚持新发展理念、坚持改革开放，为全国推进供给侧结构性改革、实施创新驱动发展战略、构建开放型经济新体制提供支撑，努力在全面建成小康社会、加快建设社会主义现代化新征程上走在前列。"①干在实处，是走在前列的必然要求。宏伟蓝图变为美好现实，重点是一个"干"字，关键是一个"实"字。

"干"，就是要做马上就干的行动者、不做坐而论道的清谈客。立说立行、紧抓快办、夙兴夜寐、激情工作，一级做给一级看，一级带着

---

① 《习近平总书记对广东工作作出重要批示》，《南方日报》2017年4月4日。

一级干，各机关、各部门比着干，切实干出一番新面貌。2017年4月13日，中央第四环境保护督察组向广东省委、省政府反馈督察意见。广东迅速制定督察整改方案，成立由省长任组长的环保督察整改工作领导小组，确定43个整改问题清单，全力推进督察整改工作。刀刃向内，广东开展大规模环保专项督查。抽调约2000名环境执法人员，分批次进驻广州、深圳、佛山、东莞、中山、江门、肇庆、清远、云浮9市，从2017年6月1日起开展为期9个月、18轮次的大气和水污染防治专项督查。截至2017年12月28日，已立案1967宗，其中，查封扣押126宗，移送行政拘留31宗，移送涉嫌环境污染犯罪8宗，取缔关闭141宗。

"实"，就是"不驰于空想，不骛于虚声"，务实功、出实招、求实效，较真碰硬，真刀真枪干一场，自己填写成绩单。干在实处，走在前列的优良工作作风是根本保证。干在实处，成就事业，体现党性，折射作风。广大党员干部要把"干"作为一种责任去承担，把"实"作为一种品质去追求，撸起袖子加油干，雷厉风行抓落实，以干在实处推动走在前列。要的是"真刀真枪干一场"，而不是只敲锣打边鼓；要的是行动上的实实在在，而不是戏台上的热热闹闹。2017年广东各地高度重视环境保护工作，多地政府"一号文"聚焦环保。《江门市各市、区政府及有关部门环境保护"一岗双责"责任制规定》，强化党政领导干部生态环境和资源保护职责，对41个部门明确设定共计156项环保职责。《广州市城市环境总体规划（2014—2030年）》把广州市1/7面积划入生态保护红线。《深圳市大气环境质量提升计划（2017—2020年）》部署未来几年深圳大气污染防治工作。大力弘扬马上就办、真抓实干的工作作风，夯实基层战斗堡垒，引导各级党员干部始终保持"一刻也不能停、一步也不能错、一天也不误不起"的战斗状态，持续提振解放思想、奋发进取的精气神，不畏艰难险阻，破解难题为民办实事促发展。在加快实现"四个坚持""两个支撑""两个走在前列"宏伟目标的新征程上书写出无愧于时代的精彩答卷。

2017年4月26日，广东省委发出《中共广东省委关于认真学习宣传贯彻习近平总书记重要批示精神的通知》，要求各地各部门迅速行动起来，认真学习宣传贯彻。"四个坚持"是广东改革发展的旗帜、方向和原则。要坚持党的领导，坚决维护以习近平同志为核心的党中央权威，始终在思想上政治上行动上同党中央保持高度一致，按党中央的要求做好工作，确保党中央决策部署得到不折不扣的贯彻落实。要坚持中国特色社会主义，确保广东始终沿着正确方向前进，切实增强"四个自信"，以坚定政治立场书写中国特色社会主义事业新篇章。要坚持新发展理念，引领新常态下的新发展，努力破解发展面临的深层次问题，实现更高质量、更有效率、更加公平、更可持续的发展。要坚持改革开放，始终高举改革开放旗帜，保持改革开放，向改革开放要动力、要空间，努力增创体制新优势，构建开放新格局。"三个支撑"是广东必须担当好的历史责任和光荣使命。要把供给侧结构性改革作为经济工作的主线，在振兴实体经济、推动制造业转型升级等方面作出表率、发挥支撑作用。要把创新驱动发展战略作为我国经济社会发展的核心战略，打造国家科技产业创新中心，建设国家自主创新示范区，加快形成以创新为主要引领和支撑的经济体系和发展模式。要服务国家外交战略，提高把握国内国际两个大局的自觉性和能力，加快构建开放型经济新体制，推动外经贸向更高层次跃升，当好代表国家参与国际竞争的主力军。"两个走在前列"是广东改革发展的奋斗目标，要求保持奋勇争先的精神状态，各方面工作都走在前列，不仅在时间节点上体现率先，更要在发展质量和结构效益上引领示范。要对照全面建成小康社会目标要求，集中力量补齐短板，确保如期高质量全面建成小康社会。同时，要以更高的目标动员和引领人民，加快建设社会主义现代化。2017年5月中国共产党广东省第十二次代表大会召开，会议要求大力推动广东绿色发展，实现美丽与发展共赢；把生态文明建设放在更加突出的战略位置，协同推进新型工业化、城镇化、信息化、农业现代化和绿色化，加快建成珠三角国家绿色发展示范区，促进粤东西北地区绿色崛起，推动全省经济社会迈进绿色发展新轨道，实现美丽与发展共赢。

贯彻落实习近平总书记对广东提出的"四个坚持、三个支撑、两个走在前列"的要求，不忘初心、继续前进，努力在全面建成小康社会、加快建设社会主义现代化新征程上走在前列，为实现"两个一百年"的宏伟目标和中华民族伟大复兴的中国梦而不懈奋斗！

2018年3月7日，习近平总书记在参加十三届全国人大一次会议广东代表团审议时强调，希望广东"在构建推动经济高质量发展体制机制、建设现代化经济体系、形成全面开放新格局、营造共建共治共享社会治理格局上走在全国前列"。①从两个"走在前列"到四个"走在前列"，体现习近平总书记对广东的殷切期望。2018年广东圆满完成生态环保红线划定、饮用水水源地环境问题整治、第二次全国污染源普查等国家三项工作阶段任务。

习近平总书记对广东生态文明建设的关心与重视与广东发展经济水平与历史使命有关。习近平总书记在谈到广东经济时指出："广东在改革开放中长期走在全国前列，党中央在研究推进全国改革开放的过程中，始终注意广东的实践和经验，鼓励广东大胆探索、大胆实践。1992年春，邓小平同志在广东发表了著名的南方谈话，要求广东20年赶上亚洲'四小龙'，并且说两个文明建设都要超过他们，这才是有中国特色的社会主义。2000年春，江泽民同志在广东考察时提出了'三个代表'重要思想。2003年春，胡锦涛同志在广东考察时提出了科学发展的要求。这一切，都不是偶然的巧合，而是说明广东多年来敢闯敢试的探索

---

① 《习近平在参加广东代表团审议时的讲话引热烈反响》，央广网，2018年3月8日。

和实践，为理论创新提供了丰厚土壤。这一段重要历史是广东的光荣，希望广东广大干部群众继续发扬优良传统，全面学习宣传贯彻党的十八大精神，特别要做到融会贯通、学以致用，使党的十八大精神成为推动各项工作打开新局面的强大动力。"①改革开放40多年以来，党和国家领导人在不同的历史时期为广东的发展作出了重要指示，并提出了广东发展的四个伟大战略决策，给广东的经济发展带来了"四个春天"，指引着广东经济社会发展实现了四步跨越式的发展。

1979年9月13日，第五届全国人民代表大会常务委员会通过了《中华人民共和国环境保护法（试行）》，第一次提出了"谁污染谁治理"原则，明确了污染治理责任主体。同时，国务院出台了一系列重要的环保法规，例如征收排污费、建设项目的环境保护与主体工程"三同时"规定等。广东省人大、省政府依据国家法律法规建立了相应的地方环保法规和行政规章，特别是征收排污费的法规和规章，在实施之初，受到不少企业抵触，认为应由政府拨款投资治理，而当时许多地方政府连环保管理和监测机构都没有，根本管不过来。由此，1980年4月，广东省政府决定将"广东省环境保护办公室"改名为"广东省环境保护局"。各地市、县的环保机构陆续建立起来，形成了全省环保管理和监测系统，企业大大增强了环保意识和污染治理的积极性，逐渐脱离"重点污染源"的"黑名单"。正是有了守法生产和依法管理，广东省的环保工作局面也打开了。

邓小平分别于1984年、1992年两次南巡，并发表了一系列重要讲话，对经济特区的探索性试验予以肯定。邓小平的讲话引领着广东在不断排除"左"的思想干扰中进一步解放思想，使广东率先推动了商品经

---

① 《改革不停顿　开放不止步——习近平总书记考察广东纪实》，《南方日报》2012年12月7日。

济发展的浪潮，积极探索社会主义市场经济的发展道路。广东在兴办经济特区、建立经济技术开发区以及珠江三角洲经济开放区的过程中，极大带动了广东各个城市的经济体制深化改革，使广东的经济逐步由封闭转向开放；同时，广东还以对外开放、引进外资作为经济发展的带动战略，大力引进"三资"企业，鼓励乡镇企业和民营企业等迅速发展，极大改变了广东原有的以国有经济为主体的单向经济结构。此外，广东还大力推动国有企业从承包制向股份制转变，并向发展混合型所有制方向探索，极大加快了全省城乡经济的工业化和经济多元化，使广东初步形成了以第二产业为主导、第三产业蓬勃发展的经济发展局面，使广东初步从落后的农业大省向工业化的转变，开启了广东全省工业化和城市化的新篇章。例如20世纪80年代末中央主要负责同志在谈到珠海的发展问题时提出了环境保护意见，认为我国难得有几个保留了青山绿水的城市，珠海完全有条件做到这一点，在实现城市化的过程中千万要注意保护环境。①珠海曾拒绝了100多亿有污染的外来投资项目，这为新产业新业态奠定了良好的发展基础。1985年，在全国主要经济大省的排名中，广东还处于落后位置；然而到了1992年，在全国经济各项指标的排名中，广东的各项指标排名均处于第一（除工农业总产值排名位居第二外）。

自1992年以来，广东全省的经济指标均处于全国前列，全省已初步建立起社会主义市场经济体制，经济发展模式不断朝着集约化方向发展。"八五"期间，广东省共取得重要环保科技成果102项，43项获得省环保科技进步奖，其中9项获得省部级科技进步奖；筛选出40多项广东省环境保护重点实用技术，列入国家重点推广计划23项，列入国家级和

---

① 梁广大、秦虹：《守住绿水青山，开出金山银山——回忆改革开放初期的珠海特区建设》，《纵横》2018年第10期。

省级新产品计划的近20项。积极开展ISO14000环境管理体系及环境标志产品认证工作，到2000年底，全省已有8家环境管理体系咨询机构、3家环境管理体系认证机构，13家企业共69个产品通过了环境标志的认证。2000年，江泽民在视察广东之时，充分肯定广东改革开放成就，同时结合中国改革开放的实际与社会主义的发展规律，提出了"三个代表"重要思想。在视察过程中，江泽民勉励并要求广东在持续深化改革的过程中，务必发挥创新优势，实现经济发展更上一层楼，在实现社会主义现代化征程中走在全国前列。随后，广东各方面改革发展大步迈进，不仅对产权关系、投资、财税以及金融等关键体制进行改革，还加快了对国有企业的改制、兼并、重组，并在个体私营企业、民营企业和"三资"企业发展等方面深化了机制体制改革，确保非公有制经济持续发展，激发了非公有制经济的发展活力。至21世纪初，广东绝大多数国有企业都建立起了现代企业制度，并且在改革的过程中催生了多元化市场主体。

同时，广东的工业化崛起不仅吸引了众多内地省份的劳动力前来求职就业，而且还推动了城市化革命。在助力第三产业的快速兴起之后，广东也加快了农村改革的步伐，促进了农村农业的产业化经营。2000年广东率先在全国范围内进入工业化中期。据了解，在1998年至2002年间，广东全省发明专利申请量连续多年居全国首位，平均每年增长40.6%。广东企业的创新发展能力、企业的国际竞争力均排在全国前列。在广东快速发展的过程中，以电子信息、航天科技、生物工程、新材料、光机电一体化为主体的高新技术产业群在广东各地迅速崛起，使广东在高科技产业方面亦走在了全国前列。2002年，广东全省的外贸进出口总额达到2213.9亿美元，而机械产品和高新技术产品出口就占到了出口比重的61%和26%。2002年，广东农村居民人均收入达到3912元，城镇居民人均可支配收入则达到11 200元，城乡居民本外币储蓄存款达13 368.7亿元，城镇居民住房人均使用面积24.5平方米，农村人均住房面积24.1平方米，全年社会消费品零售总额5013.59亿元。以上数据表明，广东省已在全国范围内率先基本实现小康社会。改革开放20多年来，广东省工业化、城市化速度加快，在经济以平均每年13.8%的速度增长的情况下，环境污染和生态破坏的趋势基本得到控制，部分城市和地区的环境质量有所改善，还创建了深圳、珠海、汕头、中山4个经济与环境协调发展的国家环境保护模范城市以及顺德伦教镇等31个省级生态示范村（镇、农场）。通过实施《广东省碧水工程计划》和《广东省蓝天工程计划》，深入开展城市环境综合整治和创建国家环保模范城市等活动，推进了城市大气、水、噪声和固体废物污染防治工作。城市环境基础设施建设得到加强，全省共建成城市生活污水处理厂25座，处理能力达156万吨／日；建成烟尘控制区205个，面积1537平方公里；建成环境噪声达标区130个，面积793平方公里。

党的十六大以来，在党中央的领导下，在广东省各级领导干部及广大人民群众的共同努力下，广东的经济与社会发展全面步入科学发展的轨道。2003年4月，胡锦涛视察广东之时，要求广东在加快发展、协调发展、全面建设小康社会以及加快推进社会主义现代化建设方面更好地发挥排头兵作用。此后，广东省委、省政府提出了建设经济强省、文化大省和和谐广东的发展新思路。在广东实现跨越式发展的过程中，广东的各项指标均走在了全国前列。例如，科技进步对广东的经济增长的贡献率在2007年达到了50%以上，专利申请、授权量、发明专利等自2005年以来一直居于全国第一，培育了诸多名牌产品。同时，广东全省的经济产业结构更加合理，各产业对经济发展的贡献令人瞩目。以文化产业为例，2006年广东文化产业实现增加值1680亿元，占全省GDP总量的6.5%。在产业布局过程中，广东省不断促进产业结构升级和不同区域的工业化协调发展。粤北、粤东以及粤西地区的发展逐年加快，这些地方的主要经济指标从2005年起增幅开始高于全省平均水平。2005年，广东工业年总产值超100亿元的专业镇有20多个，超200亿元的有10多个；159个省级专业镇的GDP是4658.32亿元，占全省GDP的21.5%。此外，广东的高新技术产品产值不断增加。2002年，全省高新技术产品产值为4700亿元，到2007年则增加到了1.87万亿元，尤其是电子信息产业与家电产业，在这一时期发展极为迅速。当年，广东的轻重工业增加值比例调整为39：61，高新技术产业主导工业发展作用增强，产业集群化升级步伐加快，全省规模以上工业企业利润总额增长3.4倍。"十五"期间，广东省环境污染与生态破坏的趋势初步得到遏制，环境质量基本保持稳定，局部有所改善。广东省人大常委会制定了《广东省韩江流域水质保护条例》《广东省城市垃圾管理条例》《广东省环境保护条例》《广东省固体废物污染环境防治条例》等地方性法规。省纪委和省监察厅发布了《关于对违反环境保护法律法规行为党纪政纪处分的暂行规定》（粤纪发〔2003〕48号），有力地促进依法管理环境事务，为加强环保工作提供了政策依据。2005年，广东省21个地级以上市政府所在城市的空气质量全部达到国家二级标准，主要江河和重要水库水质良好，在111个省控断面中水质优良率为57.6%，19个地级以上市集中饮用水源地水质达标率为100%。这些为广东快速发展奠定基础。2007年，广东全省生产总值达30 606亿元，自2002年以来年均增长14.59%，占全国比重1/8，并且广东的经济总量一举超过了新加坡、中国香港、中国台湾。2007年，广东人均生产总值超过4000美元，初步实现了以"低能耗、资源循环利用"为特点的可持续发展战略。2007年以来，广东国民经济初步实现了"三低两高一增加"，即低投入、低消耗、低污染、高增长、高效益和城乡居民收入持续增加，初步实现了广东循环经济和资源综合理利用的发展目标。特别是"十一五"期间，广东省以广州亚运会环境质量保障为契机，深入实施珠江综合整治工程，制定并实施《广东省珠江三角洲清洁空气行动计划》，建立健全区域污染联防联治机制，全面开展环境综合整治，环境质量得到有效改善。2010年广东省21个地级以上市饮用水源水质总达标率为97.1%，比2005年提高9.6个百分点，全省江河水质达标率和省控断面水质优良率分别提高了17.9和13.3个百分点。21个地级以上市空气质量全部达到国家二级标准，全省空气中二氧化硫、二氧化氮和可吸入颗粒物年均浓度比2005年分别下降了21.9%、5.6%和14.8%，广州亚运会期间珠江三角洲地区所有站点空气污染指数全部达到赛事目标要求，区域空气质量达到一级水平天数的比例超过20%，大气能见度显著改善。固体废物管理得到加强，建立全省固体废物管理信息系统，建成省危险废物综合处理示范中心（一期）和深圳危险废物综合处理中心。①

2012年以来，习近平总书记寄望广东在全面建设社会主义现代化国家新征程中走在全国前列、创造新的辉煌，明确了广东在全国大局中的总定位总目标。"十三五"期间，广东以实施水、大气、土壤污染防治"三大战役"为抓手，重点解决广大人民群众关注的雾霾、黑臭水体、土壤重金属污染和农村环境保护等突出问题。2015年广东省城市集中式饮用水源水质100%达标，比2010年提高2.9个百分点；广东省控断面水环境功能区水质达标率为82.3%，优良率为77.4%，分别比2010年提高12.2和6.5个百分点；广东省城市空气质量指数（AQI）达标率为91.5%，其中珠三角地区为89.2%，比2013年上升12.9个百分点，广东省环境质量总体稳中趋好。主要污染物减排方面，2015年全省化学需氧量、氨氮、二氧化硫、氮氧化物排放总量分别比2010年减少16.9%、15.1%、19.2%、24.6%，均超额完成国家下达的"十二五"减排任务。2015年，广东省地区生产总值为7.5万亿元；2020年则超过了11万亿元，年均增长6%，经济总量连续32年位居全国第一。广东的地方一般公共预算收入从2015年的9367亿元增加到

---

① 《广东省环境保护和生态建设"十二五"规划》，广东省发展和改革委员会网站，2013年9月26日，http://drc.gd.gov.cn/fzgh5637/content/post_844828.html。

2020年的12 922亿元，年均增长6.6%，是全国唯一突破万亿元的省份。广东的固定资产投资、社会消费品零售总额均突破4万亿元，进出口总额突破7万亿元，5年累计实际利用外资7277亿元。2020年，广东的人均地区生产总值为9.4万元，年均增长4.2%。居民人均可支配收入4.1万元，年均增长8%，连续5年排在全国前列。

在决胜全面建成小康社会的伟大进程中，广东牢记习近平总书记殷殷嘱托，实施"1+1+9"工作部署，推动高质量发展迈出坚实步伐、改革开放取得新突破、民生社会事业取得重大进展、决战脱贫攻坚取得决定性成就、疫情防控取得决定性胜利。截至2022年，广东经济总量连续33年、进出口总额连续36年居全国第一，市场主体数量、高新技术企业数量等稳居全国第一，区域创新综合能力跃居全国第一，高速公路里程率先突破1.1万公里，全省161.5万相对贫困人口全部脱贫，网上政务服务能力跃居全国首位。

3. 提高绿色发展水平

十八届五中全会将绿色发展作为五大发展理念之一，以GDP论英雄的发展模式正在改变，资源消耗、环境损害、生态效益等指标被列为绩效考核重要内容，绿水青山就是金山银山的绿色发展理念正在全社会牢固树立。2018年3月，习近平总书记在参加十三届全国人大一次会议广东代表团审议时表示："要更加重视发展实体经济，把新一代信息技术、高端装备制造、绿色低碳、生物医药、数字经济、新材料、海洋经济等战略性新兴产业发展作为重中之重，构筑产业体系新支柱。要以壮士断腕的勇气，果断淘汰那些高污染、高排放的产业和企业，为新兴产业发展腾出空间。科技创新是建设现代化产业体系的战略支撑。"①要求广东提高绿色发展水平。

---

① 《习近平等分别参加全国人大会议一些代表团审议》，光明网，2018年3月8日。

（1）绿色发展指标

"绿色发展指标"主要包括单位国内生产总值用水量降低，利用清洁煤炭比例，自然灾害直接经济损失减少，环境污染治理总投资占GDP比重等与绿色的、可持续发展有重要关系的指标。它是一项主要以绿色发展为核心的政绩考核的指标，是中国于2011年开始实施"十二五规划"的重中之重。中国正在进入资源环境矛盾凸显期、人与自然之间差距扩大期，长期以来的发展模式已经不可持续，中国能源利用的效率只有发达国家的1/4。与此同时，国际金融危机和全球气候变化又形成了"倒逼"机制和"外部压力"，客观上迫使中国加快发展方式转型。在应对国际金融危机中，许多国家更加突出"绿色复苏"的理念，纷纷实施所谓"绿色新政"，把发展新能源、节能环保、循环经济等绿色经济作为经济刺激计划的重要内容。中国是发展中国家中第一个制定了应对气候变化的国家方案的，在节能减排、降低能耗方面正在做出巨大的努力。"十一五"以来，中国通过节能降耗，减排14.6亿吨二氧化碳。

（2）中国绿色现代化

为了实现中国的"绿色现代化"，专家拟定"三步走"战略。第一步，2006年到2020年是我国全面建设小康社会的关键时期，根据党的十六大、十七大报告所确定的战略目标，这一时期需要将我国纳入科学发展轨道。这也是我国减缓二氧化碳排放和适应气候变化的阶段，我们希望中国争取能够在2020年前后实现二氧化碳排放量的最高峰。为实现这一目标，我国需要在"十二五"和"十三五"时期大大降低二氧化碳排放量的增长速度，也就是说从高增长变成低增长，甚至零增长。这就要求我们不断地提高可再生能源的比例，降低工业特别是重工业的比重，并提高服务业比重。

第二步，2020年到2030年是提前实现"达到中等发达国家水平"目标的重要时期。这一时期我国也应该进入二氧化碳大规模减排阶段，力争将2030年的二氧化碳排放量降到2005年的水平，这个减排比例即使在全世界来看也还是比较高的。

第三步，2030年到2050年是我国实现"发达国家现代化水平"的重要阶段。这个阶段我国需要实现二氧化碳排放量的进一步大幅下降，并且与世界同步。根据世界的减排路线图，全球2050年二氧化碳排放量将减少到相当于1990年水平的一半，因此中国也应该将2050年二氧化碳的排放量削减到1990年一半的水平。

（3）《2010中国绿色发展指数年度报告》

2010年11月4日上午，被称为中国第一套绿色发展的监测指标体系和指数测算体系的《2010中国绿色发展指数年度报告》公布。该指数有3个一级指标：经济增长绿化度、资源环境承载潜力和政府政策支持度，分别反映经济增长中的生产效率和资源使用效率，资源与生态保护及污染排放情况，政府在绿色发展方面的投资、管理和治理情况等。在这3个指标之下又分为9个二级指标和55个三级指标。在参与测算的30个省（区、市）中（除西藏外），12个省份绿色发展水平高于全国平均水平，18个省份低于全国平均水平。报告数据显示，北京、青海、浙江、上海、海南、天津、福建、江苏、广东、山东分列绿色发展指数的前十位。东部地区经济绿色发展水平相对较高；中部地区则相对较弱；西部地区因资源优势提升了绿色发展综合水平，资源环境承载潜力整体水平突出；排在前三位的分别为北京、青海和浙江，排在第30位的则为煤炭大省山西。

（4）《中共中央 国务院关于加快推进生态文明建设的意见》（2015年）

为加快推进生态文明建设，国家提出"五大"坚持原则、"四大"目标。

"五大"原则包括：第一，坚持把节约优先、保护优先、自然恢复为主作为基本方针；第二，坚持把绿色发展、循环发展、低碳发展作为基本途径；第三，坚持把深化改革和创新驱动作为基本动力；第四，坚持把培育生态文化作为重要支撑；第五，坚持把重点突破和整体推进作为工作方式。[①]

"四大"目标主要包含：第一，国土空间开发格局进一步优化。第二，资源利用更加高效。单位国内生产总值二氧化碳排放强度比2005年下降40%～45%，能源消耗强度持续下降，资源产出率大幅提高，用水总量力争控制在6700亿立方米以内，万元工业增加值用水量降低到65立方米以下，农田灌溉水有效利用系数提高到0.55以上，非化石能源占一次能源消费比重达到15%左右。第三，生态环境质量总体改善。主要污染物排放总量继续减少，大气环境质量、重点流域和近岸海域水环境质量得到改善，土壤环境质量总体保持稳定，环境风险得到有效控制。森林覆盖率达到23%以上，草原综合植被覆盖度达到56%，湿地面积不低于8亿亩，50%以上可治理沙化土地得到治理，自然岸线保有率不低于35%，生物多样性丧失速度得到基本控制等。第四，生态文明重大制度基本确立。基本形成源头预防、过程控制、损害赔偿、责任追究的生态文明制度体系，自然资源资产产权和用途管制、生态保护红线、生态保护补偿、生态环境保护管理体制等关键制度建设取得决定性成果。[②]

国家提出资源节约，推动利用方式根本转变的三条途径：一是推进节能减排，二是发展循环经济，三是加强资源节约。2014年广东省一次能源消费结构中原煤消费占比仍高达43.7%（其中工业能源消费中原煤占61.7%），以煤为主的能源结构在短期内难以实现改变。按GDP年均增

---

①　《中共中央　国务院关于加快推进生态文明建设的意见》，国务院公报，2015年第14号，https://www.gov.cn/gongbao/content/2015/content_2864050.htm。

②　《中共中央　国务院关于加快推进生态文明建设的意见》，国务院公报，2015年第14号，https://www.gov.cn/gongbao/content/2015/content_2864050.htm。

长7.0%计算，"十三五"期间广东省能源消费总量约增加0.55亿吨标准煤，比"十一五"期间的0.94亿吨标准煤和"十二五"期间的0.58亿吨标准煤有所收窄，化学需氧量、氨氮、二氧化硫、氮氧化物等主要污染物新增量预计将明显回落。

国家提出健全生态文明制度体系，主要有：第一，健全法律法规。全面清理现行法律法规中与加快推进生态文明建设不相适应的内容，加强法律法规间的衔接。研究制定节能评估审查、节水、应对气候变化、生态补偿、湿地保护、生物多样性保护、土壤环境保护等方面的法律法规，修订土地管理法、大气污染防治法、水污染防治法、节约能源法、循环经济促进法、矿产资源法、森林法、草原法、野生动物保护法等。第二，完善标准体系。加快制定修订一批能耗、水耗、地耗、污染物排放、环境质量等方面的标准……第三，健全自然资源资产产权制度和用途管制制度。对水流、森林、山岭、草原、荒地、滩涂等自然生态空间进行统一确权登记，明确国土空间的自然资源资产所有者、监管者及其责任。第四，完善生态环境监管制度。建立严格监管所有污染物排放的环境保护管理制度。完善污染物排放许可制度，禁止无证排污和超标准、超总量排污。第五，严守资源环境生态红线。树立底线思维，设定并严守资源消耗上限、环境质量底线、生态保护红线，将各类开发活动限制在资源环境承载能力之内。第六，健全政绩考核制度。建立体现生态文明要求的目标体系、考核办法、奖惩机制。第七，完善责任追究制度。领导干部任期生态文明建设责任制，完善节能减排目标责任考核及问责制度。[①]

广东省以法治建设为保障，以环境监管为突破，以制度创新为动力，不断完善环境保护体制机制。《广东省环境保护条例》于2015年7月

---

① 《中共中央国务院关于加快推进生态文明建设的意见》，国务院公报，2015年第14号，https://www.gov.cn/gongbao/content/2015/content_2864050.htm。

1日正式实施，成为新环保法实施后全国首个配套的省级环保法规。建立了环保、监察、公检法等部门联合的联动执法机制，佛山、韶关、顺德等8市（区）设立"环保警察"，顺德区设立"环保巡回法庭"，"两法衔接"得到强化。

（5）《绿色发展指标体系》建立

绿色发展指数采用综合指数法进行测算。"十三五"期间，以2015年为基本期，结合"十三五"规划纲要和相关部门规划目标，测算全国及部分地区绿色发展指数和资源利用指数、环境治理指数、环境质量指数、生态保护指数、增长质量指数、绿色生活指数等6个分类指数。绿色发展指数由除"公众满意程度"之外的55个指标个体指数加权平均计算而成。公众满意程度是主观指标，没有赋予权数，另单独问卷抽样调查测算。其中6个一级指标的权数相加是100%，分别是资源利用（29.3%）、环境治理（16.5%）、环境质量（19.3%）、生态保护（16.5%）、增长质量（9.2%）、绿色生活（9.2%）。

计算公式：$Z=\sum_{i=1}^{N} W_i Y_i$（N=1，2，…，55）

其中，Z为绿色发展指数，Y_i为指标的个体指数，N为指标个数，W_i为指标Y_i的权数。

绿色发展指标按评价作用分为正向指标和逆向指标，按指标数据性质分为绝对数指标和相对数指标，需对各个指标进行无量纲化处理。具体处理方法是将绝对数指标转化成相对数指标，将逆向指标转化成正向指标，将总量控制指标转化成年度增长控制指标，然后再计算个体指数。

绿色发展指数的计算方法。

①计算个体指数。

正向型指标：$Y_i=\dfrac{X_i-X_{i,min}}{X_{i,max}-X_{i,min}} \times 40+60$

逆向型指标：$Y_i = \dfrac{X_{i,max} - X_i}{X_{i,max} - X_{i,min}} \times 40 + 60$

其中Y_i为第i个指标的个体指数，X_i为该指标在报告期的绿色发展统计指标值，$X_{i,max}$为该指标在报告期各县（市）绿色发展统计指标值中的最大值，$X_{i,min}$为该指标在报告期各县（市）绿色发展统计指标值中的最小值。

②对个体指数进行加权，计算6个分类指数。

计算公式：$F_j = \dfrac{\sum\limits_{i=m_j}^{n_j} W_i Y_i}{\sum\limits_{i=m_j}^{n_j} W_i}$ （j=1，2，……，6）

其中F_j为第j个分类指数，Y_i为指标X_i的个体指数，W_i为第i个指标X_i的权数，m_j为第j个分类中第一个评价指标在整个评价体系中的序号，n_j为第j个分类中最后一个评价指标在整个评价指标体系中的序号。

③对6个分类指数进行加权，得出绿色发展指数。

$$Z = F_1 \times \sum_{i=1}^{14} W_i + F_2 \times \sum_{i=15}^{22} W_i + F_3 \times \sum_{i=23}^{32} W_i + F_4 \times \sum_{i=33}^{42} W_i + F_5 \times \sum_{i=43}^{47} W_i + F_6 \times \sum_{i=48}^{55} W_i$$

2017年国家四部委联合发布的《2016年生态文明建设年度评价结果公报》公布了公众满意度评价结果，广东得分75.44分，位列第24位，生态治理方面仍有上升空间。

如何处理好"绿色"与"发展"的关系，是很多城市发展过程中面临的课题。广东省21个地级以上市绿色发展指数的计算工作，为推动生态文明建设和开展各地生态文明建设评价考核提供统计保障。

坚定不移贯彻落实新发展理念，着眼国家战略需求，率先推动质量变革、效率变革、动力变革，培育更多具有自主知识产权和核心竞争力的创新型企业，积极探索经济社会高质量发展之路，争取实现经济社会高质量、高效率、更公平、更可持续、更安全的发展，使广东在构建高质量经济发展体制机制、打造现代化经济体系、形成全面开放新格局、营造共建共治共享社会治理格局上走在全国前列，助力广东在新发展理念引领高质量发展方面争当全国排头兵。

（6）广东绿色经验

广东致力于探索一条经济建设与生态保护协调发展之路，在全国率先实施环保实绩考核制度，全面实行生态文明建设考核，大力推动产业结构、能源结构调整。珠三角地区9市全部建成国家森林城市，珠三角成为全国首个国家级森林城市群建设示范区。超额完成国家下达的节能减排目标任务，空气质量优良天数比例达95.5%，PM2.5浓度降至22微克/立方米，"南粤蓝"成为常态。

从建立"1+3+N"三级生态环境准入清单体系到《中国（广东）自由贸易试验区发展"十四五"规划》，充分衔接"三线一单"成果，广东以落实"三线一单"生态环境分区管控，推动国土空间开发和自然资源利用方式转变。

从茅洲河的蝶变之路到练江的返清之路，广东以实现江河安澜、秀水长清为目标，有力支撑城市经济社会发展和人居环境改善。

从"碳达峰十五大行动"、《关于加快建立健全绿色低碳循环发展经济体系的实施意见》、《关于建立健全生态产品价值实现机制的实施方案》等系列文件发布，到韶关老工业城市的生态发展嬗变，广东以碳达峰碳中和为牵引，加快绿色低碳循环发展。

从啃下"硬骨头"补齐固体废物处置短板到"无废城市"建设取得扎实进展，广东以源头防控为重点，加快补齐固体废物治理短板。

从出台支持北部生态发展区生态补偿和产业引导的实施意见到把"湛江红树林"打造成广东生态建设新名片，广东强化生态系统保护监管，系统推进山水林田湖草沙一体化保护。从20世纪60年代起，广东以加强沿海基干林带建设为重点，逐步建立起以人工森林植被为主体的片、带、网、点相结合的多树种、多功能、多效益的沿海防护林体系。全省3207.9公里宜林海岸已营建防护林带2885公里，149.1万亩沙化土地得到初步治理。业内常用"地球之肺"比喻森林，用"地球之肾"比喻湿地，而红树林既是森林，又是湿地，兼具两者的生态功能。此类森林生于海陆交界的冲积滩涂，由木榄、秋茄、桐花树、白骨壤等组成木本植物群落，当植株内富含的单宁酸氧化，裸露的木材随之变红，故得名"红树林"。广东省红树林面积由2004年的15万亩增加到2018年30万亩，数量位居全国第一。广东现有红树林面积达1.06万公顷，位居全国首位。《国家红树林保护修复专项行动计划（2020—2025年）》印发，广东营造、修复红树林任务确定为5500公顷、2500公顷。2023年3月底，广东省已完成营造红树林1598.89公顷，已修复现有红树林620.94公顷。[①]

4. 视察污染联防联治协作

（1）深化深港合作

2018年10月24日，习近平总书记来到广东自由贸易试验区深圳前海蛇口片区考察指出："实践证明，改革开放道路是正确的，必须一以贯之、锲而不舍、再接再厉。深圳要扎实推进前海建设，拿出更多务实创新的改革举措，探索更多可复制可推广的经验，深化深港合作，相互借助、相得益彰，在共建'一带一路'、推进粤港澳大湾区建设、高水平参与国际合作方面发挥更大作用。"[②]可见，以习近平同志为核心的党中央站在全局的高度，作出了建设粤港澳大湾区、支持深圳建设中国特色社会主义先行示范区的重大战略部署，不仅赋予了广东重大历史使命，而且也给广东新一轮发展带来了巨大的政策利好。2011年，粤澳合

---

① 邵一弘、林露：《广东已营造红树林超1500公顷　红树林"国宝"地位愈发凸显》，南方新闻网，2023年4月26日。

② 《习近平在广东考察时强调　高举新时代改革开放旗帜　把改革开放不断推向深入》，《人民日报》2018年10月26日。

作中医药科技产业园落地珠海横琴新区，这是《粤澳合作框架协议》下首个落地项目，拉开了粤港澳大湾区相互合作的序幕。

明清以来，珠三角湾区就是广州府，包括广州、深圳、香港、澳门、东莞、佛山、中山、珠海、江门。孙中山在《建国方略》中提道："建港的地址应选在广州。广州位于西江、北江和东江三河的会合点，是中国土地最肥沃的地区之一，盛产大米、水果、蚕丝，人口稠密，历史悠久，文化先进，商业发达。自近代以来，广州就是中国南方最大的头等海港和商务中心，也是太平洋最大的都市和亚洲的商务中心。但从香港成为英国的殖民地后，广州的国际地位被香港所取代，但它仍然不失为中国南部的商业中心。"

粤港澳大湾区，由香港特别行政区、澳门特别行政区和广东省广州市、深圳市、珠海市、佛山市、惠州市、东莞市、中山市、江门市、肇庆市九个珠三角城市组成。粤港澳大湾区地理条件优越，"三面环山，三江汇聚"，具有漫长海岸线、良好港口群、广阔海域面。经济腹地广阔，泛珠三角区域拥有全国约1/5的国土面积、1/3的人口和1/3的经济总量。

2009年10月28日，《大珠江三角洲城镇群协调发展规划研究》发布，标志着粤港澳三地政府开始商讨三地的合作事宜，并提出了建构珠江口大湾区，打造粤港澳世界级湾区城市群的设想。2016年3月，《中华人民共和国国民经济和社会发展第十三个五年规划纲要》正式发布，明确提出"支持港澳在泛珠三角区域合作中发挥重要作用，推动粤港澳大湾区和跨省区重大合作平台建设"；同月，国务院印发《关于深化泛珠三角区域合作的指导意见》，明确要求广东省的广州、深圳两市携手港澳，共同建设粤港澳大湾区，打造世界级城市群。2017年7月1日，在国家主席习近平的见证下，《深化粤港澳合作 推进大湾区建设框架协议》在香港签署。2017年10月18日，习近平总书记在党的十九大报告中明确提出："要支持香港、澳门融入国家发展大局，以粤港澳大湾区建设、粤港澳合作、泛珠三角区域合作等为重点，全面推进内地同香港、澳门互利合作，制定完善便利香港、澳门居民在内地发展的政策措施。"①2018年5月，习近平总书记先后主持召开中央政治局常委会会议和中央政治局会议，审议了《粤港澳大湾区发展规划纲要》，对广东携手港澳共同发展做了亲自部署与谋划。

在习近平总书记的亲自谋划、亲自部署、亲自推动下，粤港澳大湾区这一国家重大战略顺利启动，不仅促进了粤港澳三地协调共同发展，也推动了"一国两制"事业向前发展，成为"一国两制"的最新实践。在粤港澳大湾区战略中，广东既有"双区"建设、"双城联动"等优势，也有雄厚的产业基础和巨量的承载平台，机遇众多。大湾区建设4年多以来，粤港澳三地的基础设施互联互通水平显著提升，港珠澳大桥、广深港高铁等连接粤港澳三地的标志性工程不断竣工，新横琴口岸、莲塘/香园围口岸正式开通。粤港澳三地的重大合作平台建设不断加快，初步建成了广州南沙、深圳前海、珠海横琴等三大合作平台与基地，超1.3万家新注册港资企业、3280家澳资企业入驻上述平台。同时，深交所创业板注册制改革、广州期货交易所设立等重大举措落地实施。2021年，大湾区内地9市经济总量首次迈上10万亿元新台阶，加上港澳地区，2021年达到约13万亿元，各个城市的产业链呈现强劲的发展势头，协同发展的趋势也更加明显。

有关统计数据显示，2022年大湾区内地9市地区生产总值104 681亿元人民币；香港实现地区生产总值28 270亿港元，按当年汇率折算，约24 280亿元人民币；澳门实现地区生产总值1773亿澳门元，约1470亿元

---

① 习近平：《决胜全面建成小康社会 夺取新时代中国特色社会主义伟大胜利——在中国共产党第十九次全国代表大会上的报告》，《人民日报》2017年10月28日。

人民币。粤港澳大湾区经济总量超13万亿元人民币。①

（2）打造现代化沿海经济带

2018年10月，习近平总书记在广东考察时强调，要加快珠海、汕头两个经济特区发展，把汕头、湛江作为重要发展极，打造现代化沿海经济带。2019年广东省委、省政府印发《关于构建"一核一带一区"区域发展新格局　促进全省区域协调发展的意见》（以下简称《意见》）。《意见》指出，加快形成由珠三角地区、沿海经济带、北部生态发展区构成的"一核一带一区"区域发展新格局，涵盖珠三角沿海7市和东西两翼地区7市。东翼以汕头市为中心，西翼以湛江市为中心，推进汕潮揭城市群和湛茂阳都市区加快发展，强化基础设施建设和临港产业布局，疏通联系东西、连接省外的交通大通道，拓展国际航空、海运航线，对接海西经济区、海南自贸港和北部湾城市群。将东西两翼与珠三角沿海地区串联，打造世界级沿海经济带，加强海洋生态保护，构建沿海生态屏障。对于珠江西岸、汕潮揭、湛茂三大都市圈的中心城市，广东多措并举推出专门支持政策，聚力推动三地强化对周边区域的辐射带动，将珠海、汕头、湛江三市发展放到全省推进珠西崛起、两翼齐飞的战略格局中系统谋划，出台《关于支持珠海建设新时代中国特色社会主义现代化国际化经济特区的意见》《关于支持汕头建设新时代中国特色社会主义现代化活力经济特区的意见》《关于支持湛江加快建设省域副中心城市打造现代化沿海经济带重要发展极的意见》等文件。

如今，珠海从一个落后的边陲小镇发展成现代化花园式海滨城市。2022年珠海全市国内生产总值超过1038亿元，人均国内生产总值达6.99万元，城镇居民人均可支配收入2.28万元，分别比1980年增长210倍、51倍、31倍。汕头从一座偏远小城日益发展成内秀外名的活力特区、和美

_____

① 孙飞、孟盈如：《粤港澳大湾区经济总量突破13万亿元人民币》，新华社，2023年3月22日。

侨乡、粤东明珠。汕头不断完善有利于创新的制度机制，全面激发经济发展活力，出台促进科技创新发展16条措施，获批国家知识产权示范城市、全国质量强市示范城市称号。在重要领域和关键环节发力，改革质量不断提升，推进农村集体产权制度改革、"数字政府"、营商环境、国资国企等128项改革任务，实施12项创造型引领型改革，成为全省4个营商环境综合改革试点城市之一。40年间，汕头特区从最初的1.6平方公里，扩容到市域全覆盖2064平方公里；地区生产总值先后突破1992年100亿元、2009年1000亿元的大关。2023年，汕头市人民政府印发《汕头市生态文明建设"十四五"规划》，其中指出主要目标：美丽汕头建设展现新面貌，绿色转型升级激发新动能，应对气候变化实现新突破，生态系统质量得到新提升，资源利用效率达到新水平，绿色生活方式形成新风尚。展望2035年，人与自然和谐共生格局基本形成，总体上形成绿色生产与生活方式，形成稳中有降碳排放局面，生态环境质量明显提升，美丽汕头建设基本建成。具体来看，一是建立绿色低碳循环经济体系，推动经济高质量发展。实施碳排放达峰行动，推进产业结构绿色升级，加快能源结构调整优化，强化资源节约集约利用，积极发展绿色产业。二是优化国土空间布局，构建生态安全格局。建立健全经济发展空间规划体系，对生态空间进行分区管控，生产生活空间生态环境不断好转，积极拓展海洋发展空间。三是提高生态环境质量，建设美丽宜居家园。推进环境质量全面改善，保护修复自然生态系统，改善城乡人居环境。到2025年，全市森林覆盖率达到25%以上，湿地保护率达到20%以上，农村生活污水治理率达到95%。四是完善生态文明制度体系，提升生态建设水平。加快构建现代环境治理体系，健全自然资源管控制度，优化环境治理市场运行机制，探索生态产品价值实现机制。五是倡导文明健康绿色环保生活方式，大力弘扬生态文化。推动基础设施绿色升级，践行绿色生活方式和消费模式，大力培育生态文化。

（3）补上生态欠账

2018年10月25日，习近平总书记听取广东省委和省政府工作汇报，他强调，"要深入抓好生态文明建设，统筹山水林田湖草系统治理，深化同香港、澳门生态环保合作，加强同邻近省份开展污染联防联治协作，补上生态欠账"。[①]生态环境没有替代品。生态环境是人类生存与发展的根基，谁不算大账、算长远账、算整体账、算综合账，谁就要吃大亏。

按照澳门居民平均每人每日产生垃圾一公斤的标准，大量垃圾在地域狭窄的澳门处理就是社会大问题。1969年11月，珠海县革委会就澳门垃圾堆放在珠海合罗山下，给珠海环境造成严重污染一事向葡澳政府提出交涉，交涉后决定于1970年10月1日起停止接收澳门垃圾。但澳门每天仍有数十吨垃圾运至拱北关闸茂盛围的垃圾场越界堆放，1979年茂盛围垃圾场堆积垃圾近百万吨，严重影响珠海、澳门两地的大气、水体环境。1979年至1980年初，珠海市环保部门组织对该垃圾场及周边区域作检测，结果汞、铅、铬等重金属含量极高。经多方努力，1992年茂盛围垃城场污染彻底解决。[②]

自1983年澳门青洲鸭涌河垃圾处理站被封后，垃圾处理就转移到凼仔鸡颈山。经过五年来的堆放，垃圾的液体流到海里，把澳门的海岸污染了。位于凼仔的澳门垃圾焚化炉于1989年1月15日开标，1991年4月正式启用。1992年1月27日《政府公报》第9／92／M号训令：核准与AGS及CGC公司签约，由该两公司负责澳门垃圾焚化中心的经营及保养，费用为1亿3647万2868.5元，由1992年起分期支付，至1999年为止。2022年

---

① 《习近平在广东考察时强调 高举新时代改革开放旗帜 把改革开放不断推向深入》，《人民日报》2018年10月26日。

② 吴博任主编：《广东省志·环境保护志》，广东人民出版社2001年版，第11—12页。

澳门垃圾焚化中心全年处理436 828公吨城市固体废物，按年减少3.6%；特殊和危险废物量有8255公吨，按年增加32.7%；运往堆填的建筑废料2330千立方米，减少16.5%。①

同一蓝天下，共饮一江水。毗邻港澳，接壤多个周边省份，广东积极与港澳建立联防联控机制，建立粤港澳珠三角空气监测网络，联合收紧排放标准。

实际上粤港合作很早就开始了。1986年5月12日至16日，香港环境保护署署长聂德博士一行7人访问广东，参加在广州举行的"粤港联合监测深圳湾大气和水体工作总结会议"，强炳寰局长和聂德署长对上述联合监测成果签署确认。②

目前区域空气监测网络由位于广东省、香港和澳门的23个空气监测站组成。区域空气监测网络自2005年11月启动，监控的空气污染参数包括三种空气污染物（二氧化硫、颗粒物PM10和二氧化氮）及一种光化学次生空气污染物（臭氧），2014年9月再加入两种空气污染物（一氧化碳和颗粒物PM2.5）的监测。五种空气污染物均呈长期下降趋势。与2006年相比，2015年的二氧化硫、二氧化氮和可吸入颗粒物的录得年均浓度值则分别下降72%、28%和34%；2020分别下降86%、49%和43%；2022年录得年均浓度值分别下降86%、45%、52%。与2015年相比，2022年录得的一氧化碳和颗粒物PM2.5的年均浓度值分别下降了16%和38%；而2022年的臭氧年均浓度值较2006年则上升了39%，反映区域的光化学污染尚待改善。③

---

① 统计暨普查局：《2022年环境统计》，中华人民共和国澳门特别行政区政府网站，2023年4月20日。

② 吴博任主编：《广东省志·环境保护志》，广东人民出版社2001年版，第18页。

③ 卢玲玲：《大湾区减排措施见成效！2022年粤港澳空气监测报告公布》，南方网，2023年8月8日。

5．视察流域综合治理

2020年10月12日，习近平总书记在听取潮州市广济桥修复保护情况介绍后强调，"广济桥历史上几经重建和修缮，凝聚了不同时期劳动人民的匠心和智慧，具有重要的历史、科学、艺术价值，是潮州历史文化的重要标志。要珍惜和保护好这份宝贵的历史文化遗产，不能搞过度修缮、过度开发，尽可能保留历史原貌。要抓好韩江流域综合治理，让韩江秀水长清"。①2001年7月，潮州正进行着旧城改造，清理出《奉列宪禁碑》碑文，摘录如下："嘉庆二十四年（1819年）三月二十八日，据大埔、丰顺二县监生梁文林、萧娘合、曾顺合、余长发、钟川合、杨集源、杨开曾金呈词，称：埔、丰二邑，山多田少，全赖竹木、柴炭营生。生等历贩响炭来潮发售，籴米回乡，以资民食。前因奸牙朋踞府城内外，窥炭船至，拦河封兜，包买包卖，带工多人，抽捡炭枝，如狼如虎，不及议价，即自秤上铺"。大埔、丰顺两邑山多田少，生民多以贩卖竹木、柴炭营生，而潮郡本地奸牙却把持行市，多方勒索侵夺，其所用方式有拦河封兜、包买包卖、自秤自议、短折浮噬等，致使两邑客民久受其害，虽自嘉庆二年（1797年）、四年（1799年）、五年（1800年）等屡次控诸官府，但仍禁而不止，监生梁文林、萧娘合、曾顺合、余长发、钟川合、杨集源、杨开曾等人不得不于嘉庆二十四年再次联合起来，诉诸有司，海阳县知县沈德溥查明案情后即颁布晓谕，并勒石于开元前、下水门、竹木门、北门等处，严禁本地牙行抽取勒索、刻扣短折，如埔、顺两邑商民再受侵累，准许商人指名赴控。中华民国《大埔县志》亦称："吾邑地面山岭重叠，可事耕作之地仅十之二三，其所靠以生产者，端在林业，故凡邑内山冈，除高山峻岭不易登陟者外，十居

① 《习近平在广东考察时强调　以更大魄力在更高起点上推进改革开放　在全面建设社会主义现代化国家新征程中走在全国前列创造新的辉煌》，新华网，2020年10月15日。

六七皆苍翠葱茏，受益不少。"

潮州古城东门外的广济桥始建于南宋年间，横跨韩江两岸，风格独特，集梁桥、浮桥、拱桥于一体，被誉为"世界上最早的启闭式桥梁"。在古代，经过潮州的驿道曾是东南沿海北上闽浙京津的重要通道。穿城而过的韩江，却曾阻隔了这条重要的交通干线。1171年，潮州太守曾汪倡议，造舟为梁，以八十六只船架设浮桥，并在中流砌一个长宽均为五丈的大石墩，以固定浮桥。最初修建的浮桥没过几年就被冲毁，为了防止这种情况再次出现，后世官员采取了从江两岸逐个修筑桥墩，往江心推进的方式修桥。经过三百多年不懈努力，广济桥形成了浮桥、梁桥、拱桥三桥合一的景观。广济桥可开可合，方便两岸民众通行和大型船只通过。

韩江丰富、优质的水资源，哺育了粤东1800多万人民。抓好韩江流域综合治理，努力把韩江干流潮州段约33公里河段打造成人民满意的幸福河、示范河样板，让韩江秀水长清。一是水质自动监测系统将实时数据传输到生态环境部门的监控平台，工作人员通过数据分析进一步评判韩江水的水质情况。主要河流水质自动监测系统24小时不间断工作，通过水质自动监测系统控制单元、水质综合毒性在线监测系统等设备对韩江的水质进行实时监测。监测有21个监测因子，常规的参数像COD（化学需氧量）、氨氮、总磷、总氮以外，还增添了一些生物性的因子以及重金属监测的指标，主要用于监测河流水质的情况。二是通过乡镇生活污水处理站及配套管网的运行，有效减少污染物排放量。赤凤镇生活污水处理站提标改造工程使用原人工湿地部分用地，占地面积约697平方米，服务人口1300人，配套管网约3公里，服务范围0.21平方公里。三是创新监管方式，划定了报警区域实时监管。湘桥区以平安湘桥建设为依托，在放生台、北阁泳台以及湿地公园等游泳、垂钓乱象多发区域设置了12个监控摄像头。一旦有人员踏入报警区域，系统就会实时发送报警信息到相关人员的手机中提醒，以便区域巡查管理人员及时制止、查处。仅2022年，饮用水水源一级保护区游泳以及垂钓相关案件处罚一共有68宗。

坚持防治并举，标本兼治，扎实开展水质监测预警和生态调查、加大环境执法力度、推进流域入河排污口排查整治、推动流域污水处理设施建设等各项生态环境保护工作，确保韩江水质安全。2019年，韩江潮州段入选全国示范河湖建设名单；2020年11月，韩江潮州段全国示范河湖建设以高分顺利通过国家验收；韩江潮州段被省生态环境厅评为"2021年广东省十大美丽河湖"。

6. 全面协调可持续发展

2022年，习近平总书记在深圳经济特区建立40周年庆祝大会上发表重要讲话时强调："必须践行绿水青山就是金山银山的理念、实现经济社会和生态环境全面协调可持续发展。"①深圳等经济特区40年来实践改革开放、创新发展积累的宝贵十条经验之一，对新时代经济特区建设具有重要指导意义。

早在2005年，深圳就率先划定生态控制线，把全市接近一半的陆域面积列入生态红线加以保护。2022年，《湿地公约》第十四届缔约方大会决定在深圳建立"国际红树林中心"，对深圳打造国际化"生态名片"擘画了崭新的发展路径。深圳在全国开创了"政府主导、企业管理、公众参与"的自然生态管理模式。腾讯等互联网企业携手林业部门推动"互联网＋全民义务植树"试点，让全民义务植树进入"云端植树"线上线下融合发展新阶段。深圳持续开展多项植树活动，正在努力实现"推窗见绿，出门见园"的美好愿景。2021年，深圳率先在全国建立GEP（生态系统生产总值）核算制度体系，为绿水青山"定价"。全

---

① 《习近平在深圳经济特区建立40周年庆祝大会上的讲话》，人民网，2020年10月15日。

市已构建市、区、街道、社区四级林长制体系，设立各级林长1844名。2022年全市各级林长开展巡林1948次，召开林长会议58次，共完成修复退化林10 060.8亩，新造林抚育9014.22亩，森林覆盖率为39.2%。

深圳市的生态文明建设主要取得了以下成绩。第一，建设了921个公园，建成了四大自然保护区，全市绿化覆盖率45.1%，人均公园绿地面积达16.45平方米。2010年，深圳启动了绿道建设；截至2020年，建成2448公里的绿道网络，绿道的平均密度达到1.2公里/平方公里，绿道的覆盖密度排名全省第一。同时，深圳在城市建设过程中，还全面推广了绿色建筑标准，力求打造"绿色建筑之都"。截至2020年，共有1200个建筑项目获得了深圳绿色建筑评价标识，超11 000万平方米建筑被评为绿色建筑面积，规模与密度均排在全国前列。2017年，深圳市荣获了国家可再生能源建筑应用示范城市称号，表明深圳的绿色发展走在了全国前列。第二，全面打造绿色人文交通体系，建设交通强国城市范例。截至2020年，深圳全市的轨道交通线网规模达到全球领先地位，电动公交实现率达100%，新能源汽车推广率亦在全球城市排名中位居前列。第三，加快建成绿色低碳循环发展经济体系，打造国家低碳生态示范城市。截至2020年，深圳市的万元GDP能耗、水耗全国最低。深圳还是首个国家碳交易试点城市，2020年全市的碳排放市场配额累计总成交量5705万吨，总成交额13.58亿元，排在全国前列。深圳还实行了最严格、最全面的水资源管理体系，成为全国"治水治城"相融合的海绵示范城市。截至2020年，全市海绵城市项目完工1361项，建成超180平方公里的海绵城市面积，占总建筑面积的19%。此外，在生活垃圾强制分类、高标准建设"无废城市"、垃圾回收利用、垃圾焚烧烟气排放等方面，深圳均实现了生态建市的目标。在智慧城市管理方面，全市98%的行政审批事项实现了网上办理，94%的行政许可事项实现"零跑动"的目标，使深圳在全国智慧城市建设综合排名中名列首位。第四，全市已建成了相对完善的交通体系，拥有15条地铁线路、4座现代化高铁站、1座国际枢纽机场、8大港区……可以说，深圳的交通已连接了世界各地。在"云计算""大数据"等技术的支持下，全国第一条云计算轨道交通线路——深圳地铁10号线于2020年开通，极大完善了深圳的地铁轨道交通体系。

7. 推进中国式现代化建设

2023年4月，习近平总书记在视察环北部湾广东水资源配置工程向南输水的接点站——徐闻县大水桥水库时指出，"我国缺水且水资源分布很不均衡。推进中国式现代化，要把水资源问题考虑进去，以水定城、以水定地、以水定人、以水定产，发展节水产业。广东要把水资源优化配置抓好，加快全面推进水资源配置工程建设，推动解决区域发展不平衡问题，尽早造福广大人民群众"。①

2022年，党的二十大报告对中国式现代化作了深刻阐释：中国式现代化是人口规模巨大的现代化，是全体人民共同富裕的现代化，是物质文明和精神文明相协调的现代化，是人与自然和谐共生的现代化，是走和平发展道路的现代化。中国式现代化是中国共产党领导的社会主义现代化，既有各国现代化的共同特征，更有基于自己国情的中国特色。作为经济大省的广东，创造了无数发展奇迹，进入新时代，却也面临着资源环境约束趋紧、新旧生态环境问题交织的局面，深刻认识到转变发展思路的紧迫性。广东认真贯彻习近平生态文明思想，坚定践行新发展理念，将持续强化生态文明建设纳入"1+1+9"工作部署统筹推进，促进经济社会全面绿色转型、生态环境持续改善。

全面实施河长制、湖长制，广东省委、省政府主要领导分别担任省第一总河长、省总河长，担任省污染防治攻坚战第一总指挥、总指挥，

①　《习近平在广东考察时强调　坚定不移全面深化改革扩大高水平对外开放　在推进中国式现代化建设中走在前列》，新华社，2023年4月13日。

挂点督战污染最重的茅洲河、练江，带动全省8万多名五级河（段）长，以及民间河长"拧成一股绳"，力破"九龙治水"难题。一级抓一级，层层抓落实。广东成立省市县三级生态环境保护委员会，"零容忍"打击生态环境违法行为，"三线一单"分区管控、生态损害赔偿、污染举报重奖等一系列长效机制不断健全，共建共治共享的大环保格局日益形成。针对污水处理设施短板，国企、省企作为"主力军"，超常规建设各类治污设施。在茅洲河，深圳以"一切工程为治水让路"的决心推进，高峰期施工作业面1200多个。针对跨省河流，广东推动横向生态补偿机制，协同周边省上下游共治，推动九洲江、东江、汀江—韩江3条跨省河水质改善。

落实"以水定城、以水定地、以水定人、以水定产"的"四水四定"重要原则，为建设人与自然和谐共生的现代化提供了重要遵循，强化了现代化建设过程中的水资源刚性约束，有助于优化国土空间开发保护格局，促进人口和城市科学合理布局，构建与水资源承载能力相适应的现代产业体系。科学用水是解决我国水问题的根本出路。统筹水资源优化配置，统筹水资源合理开发利用和保护，统筹山水林田湖草沙一体化治理，扎实推进水污染治理、水生态修复、水资源保护"三水共治"，才能达到系统治理的最佳效果。我国基本水情一直是夏汛冬枯，水资源时空分布极不均衡，北缺南丰。推进中国式现代化，需要水资源的有力支撑，需要水资源安全的保障。节约用水是解决我国水问题的根本途径。以农业节水增效、工业节水减排、城镇节水降损为重点，深入实施国家节水行动，推进水资源总量管理、科学配置、全面节约、循环利用。

习近平总书记强调，全体人民共同富裕是中国式现代化的本质特征，区域协调发展是实现共同富裕的必然要求。[1]中华人民共和国成立

---

[1] 《习近平在广东考察时强调　坚定不移全面深化改革扩大高水平对外开放　在推进中国式现代化建设中走在前列》，新华社，2023年4月13日。

时，中国处于世界上最贫困的国家行列，到1978年贫困人口规模仍有7.7亿。中国特色社会主义进入新时代，中国大地打响了声势浩大的脱贫攻坚战，9899万农村贫困人口全部脱贫，832个贫困县全部摘帽。在中国共产党成立100周年的重要时刻，习近平总书记向全世界庄严宣告——中国已全面建成小康社会，并历史性地解决了绝对贫困问题。在中华人民共和国成立特别是改革开放以来长期探索和实践基础上，经过党的十八大以来在理论和实践上的创新突破，中国共产党成功推进和拓展了中国式现代化。

二、生态文明建设示范广东经验

2020年10月，习近平总书记在广东考察时强调，"要坚决贯彻党中央战略部署，坚持新发展理念，坚持高质量发展，进一步解放思想、大胆创新、真抓实干、奋发进取，以更大魄力、在更高起点上推进改革开放，在推进粤港澳大湾区建设、推动更高水平对外开放、推动形成现代化经济体系、加强精神文明建设、抓好生态文明建设、保障和改善民生等方面展现新的更大作为，努力在全面建设社会主义现代化国家新征程中走在全国前列、创造新的辉煌"。①党的十八大以来，习近平总书记四次赴广东考察，都提到了关键词——改革开放。广东作为我国改革开放的排头兵、先行地、实验区，在我国改革开放和社会主义现代化建设大局中具有十分重要的地位和作用。广东在推进高质量发展中面临的形势和任务，在全国范围来讲具有共性。2015年，广东制定并颁布了全国第一部省级地方性法规《广东省环境保护条例》。目前，广东已成为全

---

① 《习近平在广东考察时强调 以更大魄力在更高起点上推进改革开放 在全面建设社会主义现代化国家新征程中走在全国前列创造新的辉煌》，新华网，2020年10月15日。

国"最绿"的省份之一，已初步建成了体系完善的森林生态系统，林业产业在全国领先，林业生态文化不断繁荣，人与自然更和谐，成为名副其实的"全国绿色生态第一省"。

（一）抓好生态文明建设的广东探索

1. 绿化广东大行动

1985年，广东省委、省政府作出"十年绿化广东"的重大决定。此后五年，全省投入13亿元资金，造林5080万亩，封山育林1050万亩，95%的宜林山地种上了树，创造造林绿化史上的一个传奇。1991年3月，广东省荣获由党中央、国务院授予的"全国荒山造林绿化第一省"称号。

2005年，"十一五"期间广东开始林业生态省建设。《广东省林业发展"十一五"和中长期规划》勾勒了广东省林业发展的总体目标——到2010年，全省一半的县（市、区）建成林业生态县（市、区），森林覆盖率达到58%，建成5175万亩高效生态公益林、5000万亩商品林基地，实现达8800亿元的森林资源综合效益总值，建成以森林植被为主体的稳定、安全的绿色生态屏障，林业产业实力有显著进步。到2020年，全面建成生态省，全省森林覆盖率达到60%，森林资源综合效益总值比2003年翻2倍，达到18 800亿元，打造成稳定的国土生态安全体系，建成发达的林业产业体系，实现生态良好、生产发展、生活富裕、人与自然和谐相处。此外，全省将按自然条件和林业特点的不同划分"三大类型、七大林业生态圈"[①]，建设生态环境建设蓝图。[②]

广东的生态景观林建设取得进展。2011年12月31日，广梧高速高要

---

① 三大类型：珠江三角洲城市林业型，东西两翼沿海防护型，粤北山地、丘陵生态公益型。七大林业生态圈：珠江三角洲城市林业生态圈，粤东南沿海林业生态圈，粤西沿海林业生态圈，韩江上中游林业生态圈，东江上中游林业生态圈，北江上中游林业生态圈，西江中下游林业生态圈。

② 谢思佳、彭尚德：《十一五期间广东将开始建设生态省》，新华网，2005年10月25日。

市白土镇段启动，该项目作为广东省首个生态景观林带建设示范工程，极大带动了全省生态景观林带的建设。据了解，广东将建设23条生态景观林带，长约10 000公里，涵盖了全省21个地级市的100个县（市、区），超805万亩的建设总面积。其中人工造林103万亩、补植套种206万亩、改造提升156万亩、封育管护340万亩，工程投资达55.91亿元。从2011年开始，23条生态景观林带接续建设，力争"3年初见成效、6年基本成带、9年完成各项任务"，将生态景观林变成南粤一道道亮丽的风景带、农民朋友的致富带、野生动物的生命带、人与自然的和谐带。因此，生态景观林的建设，不仅承载着人民群众对幸福安康的美好期待，还带动了人与自然和谐的不断发展。

2013年8月，广东省委、省政府出台了《关于全面推进新一轮绿化广东大行动的决定》，提出利用10年左右的时间，把广东建设成林业产业发达、林业生态文化不断繁荣、人与自然和谐的全国绿色生态第一省。各级各有关部门要按照《关于全面推进新一轮绿化广东大行动的决定》要求，结合实际，细化目标任务，明确工作责任，以重点工程为抓手，扎实推动新一轮绿化广东工作，在全省上下形成相互配套、紧密结合的生态工程体系。

全省建立"双林长"负责制，党政同责。已有13个地级市和46个县（市、区）印发了实施（工作）方案，以市级行政区域为单位，紧密联系西江、北江、韩江、东江、榕江、鉴江6个流域范围，在全省区划了鼎湖山、南岭、阴那山、罗浮山、莲花山、云开山6个具有代表性的生态区域，作为省级林长的责任区域。明确由地方党政一把手分别任第一林长和总林长：市、县（市、区）、乡镇（街道）、村设立第一林长、林长和副林长，分别由党委、政府主要负责人和有关负责人担任。各村（社区）可根据实际情况设立林长和副林长，分别由村（社区）党组织书记、村（居）委会主任和有关委员担任，构建以村级林长、基层监管员、护林员为主体的"一长两员"管护机制。设立各级林长31 451名，聘用护林员31 972名，落实各级监管员14 038名，落实各级财政资金1.06亿元。全省逐步建设100个林长惠民绿园，作为各级林长推动提升重点生态区域生态系统功能的惠民工程，力保广东在生态文明建设方面继续走在全国前列。"林"是治理对象，是主题，解决治理什么；"长"是治理主体，是关键，解决谁是治理责任主体；"制"是治理方式，是保障，解决如何保障治理责任主体履行主体责任。用最严格的制度、最严密的法治为广东的生态文明建设保驾护航。

近年来，广东省在深化林业改革、创新林业体制机制、注重生态保护方面下足了功夫，将生态文明建设与民生相结合，充分调动各方面的资源，将造林、育林、护林整合起来，初步形成人与自然和谐共生的现代林业发展新格局。截至2022年，广东全省累计完成宗地确权面积1.41亿亩，林地确权率高达96.9%。同时，广东还采取了森林保险"破冰"行动，使林改后的山林得以发挥应有效应，并利用省财政补贴在河源、韶关、湛江、梅州、清远和肇庆等6个地级市以及省属国有林场推广实施的森林保险业务，不仅使森林保险逐步被认可，而且还增强了各地林农抵御风险的能力，取得了实实在在的好效果。截至2022年，广东全省投保森林面积达5000万亩。

2. 开展绿道建设

2012年12月11日，习近平总书记来到广州市越秀区东濠涌听取汇报，他指出，东濠涌以及遍布广东各地的绿道，都是美丽中国、永续发展的局部细节。①所谓绿道，是一种线形绿色开敞空间，沿着滨水地带、山地、林地、风景道等建立人工走道，可供行人或者非机动车进

---

① 《改革不停顿 开放不止步——习近平总书记考察广东纪实》，《南方日报》2012年12月7日。

入，以绿化为特征、以运动休闲为目的。目前，广东贯通珠三角的6条省级绿道，串联起200多个森林公园、自然保护区、风景名胜区、郊野公园、滨水公园及历史文化名胜，连接着广佛肇、深莞惠、珠中江三大都市区。

明正统六年（1441年）《重修羊城街记》写道："然近世以来，街衢残缺，砖石龃龉；每风雨连绵，则沮洳艰行。国家承平七十余年，未有能修治之者，岂非缺政欤？正统辛酉春，参布政使司事武昌王公始谋诸方伯真临郡吴公、大参苍梧龚公、盱江左公，捐资为倡，用口更新。"这说明当时广州人对街区的整治和环境卫生建设至为关注。在广州主要街道的两旁，不仅有遮顶的人行道，方便行人避雨和遮阴，而且在街道沿房的一侧或另一侧都会植树，都注重在住宅和其他建筑物旁植树种花，如松、红棉、桂、桃、李、柳、梅、榕、荔枝、兰、芙蓉、素馨、茉莉、芷等。

20世纪80年代至今，广东实施了一系列基于生态理念和目标的"城市绿地系统"法定规划，在合理配置城市生态空间、改善城市生态环境等方面发挥了重要作用。21世纪以来，城市生态规划类型层出不穷，如城镇群、生态功能区、非建设用地、生态带、生态网络、生态控制线、社区、大学城、商务区、工业园区、新城及新区、街区、空港城等。它们对城市生态景观类型进行了细致规划，包括森林、水域、湿地、绿化隔离带等，从不同角度对城市生态规划体系进行了探索。生态文明也被纳入城市生态规划的范畴，使得生态文明与物质性规划有了较为实质性的关联。2009年起，低碳生态城市及规划成为我国城市生态规划领域的热点之一。城市的生态化进程产生了多方的推动力，如绿道规划、城市古树名木保护规划、环境保护规划、三生空间规划、基本生态控制性规划，以及绿色交通规划，等等。

广东省为了发展城市绿化事业，促进生态环境提升到新台阶，制定了有关生态环境的法律法规。例如，1993年中共广东省委和省人民政府批准广州市、深圳市、珠海市、汕头市、韶关市、惠州市、江门市、阳江市、湛江市、茂名市、肇庆市、清远市、潮州市、揭阳市等14个城市为实现绿化标准城市，批准海丰县为实现绿化标准县。以上是自1985年绿化造林工程实施以来，最后一批实现绿化标准的单位。此前已进行了8次全省性的造林绿化大检查和通报，共进行了20批次的实现绿化标准验收及相应的批准工作。[1]1999年11月27日，《广东省城市绿化条例》出台，随后在2004年、2012年、2014年进行了3次修正，对城市绿化规划主要内容进行了规定，包括：绿化发展目标、各类绿地的规模与布局、绿化用地定额指标与分期建设计划、植物种植规划等。规划目标要求城市的绿化覆盖率不得低于35%，绿地率不得低于30%，人均公共绿地面积不得低于8平方米。在绿化用地面积占建设工程项目用地面积的比例方面，医院、休（疗）养院等医疗卫生单位以及高等院校不得低于40%，其他学校、机关团体等单位不得低于35%；经环保部门鉴定属于有毒有害的重污染单位以及危险品存储仓库，不得低于40%，并根据国家标准设置宽度不得小于50米的防护林带；宾馆、商业体、商场、体育场（馆）等大型公共建筑设施，建筑面积在2万平方米以上的，不得低于35%；建筑面积在2万平方米以下的，不得低于30%；居民区、居住小区和住宅组团不得低于30%，旧城改造区不得低于25%，其中，城市人均公共绿地面积，居民区不得低于1.5平方米，居住小区不得低于1平方米，住宅组团不低于0.5平方米；工业企业、交通运输站场和仓库，不得低于20%；其他建设工程项目不得低于25%；公园绿化用地面积应当占总用地面积的70%以上等。

---

[1] 广东省地方史志编纂委员会编：《广东省志·林业志》，广东人民出版社1998年版，第56页。

2013年8月8日，广东省人民政府第十二届八次常务会议通过《广东省绿道建设管理规定》（后于2019年进行了修改），确定了省立绿道建设的目标、空间布局以及建设标准，对绿道控制区和各地级以上市省立绿道建设的任务等进行了明确规划。规定指出，绿道的发展与开发，必须坚持"生态优先、便民惠民"的原则，让绿道成为改善环境、旅游休闲和带动经济的重要载体，弘扬绿色、健康生活与运动方式。规定包涵了六个方面的内容：绿化保护带和绿化隔离带等绿色生态基底形成的绿廊系统；步行道、自行车道或者综合慢行道形成的慢行系统；停车设施、绿道与其他交通系统的接驳设施等形成的交通衔接系统；管理设施、商业服务设施、游憩设施、科普教育设施、安全保障设施、无障碍设施、环境卫生设施等形成的服务设施系统；信息标识、指路标识、警示标识等形成的标识系统；与绿道相衔接、能够满足居民多种户外活动需求的公共目的地。绿道原则上应当与公路、城市道路保持一定的隔离空间。如需借用公路或者城市道路的，应当在公路或者城市道路上设置标识牌、减速带，按照道路标准设置交通标志线、交通信号灯，限制机动车车速。

3. 国家森林城市群

2018年10月24日，习近平总书记考察广州市荔湾区西关历史文化街区永庆坊时指出："要突出地方特色，注重人居环境改善，更多采用微改造这种'绣花'功夫，注重文明传承、文化延续，让城市留下记忆，让人们记住乡愁。"①永庆坊位于广州市最美骑楼街荔湾区恩宁路，东连上下九地标商业街，南街沙面，是极具广州都市人文底蕴的西关旧址地域。三横五纵街巷：恩宁路沿街轴、片区中心轴、荔枝湾涌沿河轴三

---

① 《习近平在广东考察时强调　高举新时代改革开放旗帜　把改革开放不断推向深入》，《人民日报》2018年10月26日。

大横轴串联五条纵轴，形成整体片区骨架街巷。四大主题空间：一街（恩宁路骑楼街）、一涌（荔枝湾涌）、一馆（粤剧艺术博物馆）、一院（金声电影院）。广州市按照"老城市，新活力"的总体要求，不断注入新时代的城市生活形态，致力打造具有历史文化传承和当代都市生活融合的、中国新时期城市有机更新的标杆。2020年8月22日，广州西关永庆坊正式挂牌成为国家4A级旅游景区。2021年11月，《西关复兴——恩宁路永庆坊保护活化项目》获得IFLA2021年国际风景园林师联合会亚太地区风景园林专业奖（城市和文化类）优秀奖。

（1）森林城市群

1992年，国务院出台了《城市绿化条例》，规定了城市绿地的相关规划建设、保护与管理等，条例规定任何单位和个人不得破坏城市绿化规划用地的地形、地貌、水体、植被等，并对城市古树名木的保护进行了详细规定。1992年，建设部确定了"城市园林绿化当前发展序列和重点发展方向"，重点向改善城市生态、美化市容市貌的园林绿地实施政策倾斜；对动物园、植物园的管理进行了规定，强化相关科学普及与研究，加强动植物迁地保护。《城市园林绿化当前产业化政策实施办法》的出台，对城市园林绿化纳入城市总体规划与城市国民经济和社会发展计划作出了要求。1992年，建设部发布了关于命名"园林城市"的通知，对城市环境优美、绿化成果显著的城市进行鼓励，呼吁维护自然山水与生物多样性，促进城市生态建设。1993年，《城市绿化规划建设指标的规定》由国家建设部颁布，规定了我国近远期城市人均公共绿地面积、城市绿化覆盖率以及城市绿地率的指标，要求全国城市按照这些指标进行对照，以开展相应的工作。同时，规定还要求各地以城市植物园（北京植物园、杭州植物园、厦门植物园、深圳植物园和乌鲁木齐植物园）为参照主体，设立植物移地保护基地，做好所在生态区域的植物种类搜集保护工作。例如，深圳植物园所建立的国际苏铁迁地保护中心，就对苏铁科植物进行了搜集与引种，包括11属128种、变种或变型，共计1780株，取得了良好的效果。

2013年，广东在全国率先提出建设国家森林城市群的奋斗目标，不断扎实建设珠三角国家森林城市群示范区，不仅落实了中央部署、践行了绿色发展理念，还推进了生态文明建设，成为生态文明建设的创新实践。2016年8月，国家林业局批复同意珠三角地区成为全国首个"国家级森林城市群建设示范区"。2016年，《珠三角国家森林城市群建设规划》通过了专家评审。2017年4月，广东省人民政府印发《珠三角国家森林城市群建设规划》，全面启动珠三角国家森林城市群建设。2018年，珠三角9市实现森林城市全覆盖。2020年，珠三角国家森林城市群建设规划提出的各项重点任务超额完成，已基本建成林城一体、生态宜居、人与自然和谐相处的森林城市群。2021年4月13日，国家林业和草原局专家验收组对珠三角9市森林城市建设进行了考核，珠三角国家森林城市群建设以优异的成绩通过了国家级考核验收，此举标志着我国建成首个森林城市群，即珠三角国家森林城市群。

作为全国经济发达区和经济发展先行先试区，广东省在国家森林城市群建设上亦不断大胆尝试，在坚持生态优先、绿色发展的基础上，通过统筹山水林田湖的有机协调建设，走出了一条森林城市群建设的可行之路，积累了宝贵经验，不仅成为中国城市生态治理的创新实践，而且为其他国内城市提供了借鉴。2015年，广东初步建成区域生态安全体系，并划定了生态红线，初步恢复和重建了受损严重的部分重要生态安全系统要素，初步建立了生态安全体系一体化机制。2017年，广东全省基本形成了区域生态安全格局，全面恢复了受损的生态系统；全省的生态环境质量显著提升，形成了良性的生态补偿机制；基本完善了全省生态安全体系一体化体制。截至2020年，广东全省区域生态安全格局得到显著优化，全省的生物多样性得到有效保护，生态系统安全保障水平显著提升，生态环境建设效果明显。

珠三角国家森林城市群建设是扩大城市之间的生态空间、城市区域生态治理的一个标志性工程。以珠三角自然山水脉络和地形地貌为主轴，通过容纳山、水、田、林、城、海的各种空间要素，引导城镇实施良性有序开发，大力打造"一屏、一带、两廊、多核"的区域生态安全体系，以促进区域可持续发展。"一屏"是环珠江三角洲的外围生态屏障，"一带"则是南部沿海生态防护林带，"两廊"指珠江水系蓝网生态廊道和道路绿网生态廊道，"多核"指的是珠三角的五大区域性生态绿核。

珠三角国家森林城市群的构建，依托山脉、水系等生态空间，推进珠三角一体化自然生态修复，恢复山水林田自然生态关系，促进区域生态整体协调和发展。通过森林城市群的打造，可将珠三角地区塑造成林城一体、生态优美、绿色宜居、林水相依、人与自然和谐相处的国家级森林城市群建设范例。森林城市群作为绿色发展的趋势之一，其内部生态空间结构、绿色生态一体化均有自身的绿色底蕴，绿色生态文化深入人心，科技创新、绿色无污染成为支撑城市群高质量发展的重要方面。在建设国家森林城市群过程中，广东始终坚持以人为本、生态优先的原则，通过质量引领、共建共享的方式，在绿色生态省建设中不断发展，以建设森林生态体系与绿色生态水网为主线，大力实施珠三角生态修复和生态建设，强化城市群生态功能提升，大力提高环境质量、宜居程度和绿色惠民水平，为其他城市提供可借鉴、可复制、可推广的优良经验。

（2）森林旅游

构建以森林公园、湿地公园、风景名胜区、地质公园等自然公园为主体，自然保护区、国有林场、生态公园、古树公园、野生动（植）物园等相结合，并与传统旅游景区有机衔接的森林旅游发展体系。调查显示，森林旅游已经成为我国公众特别是城镇居民常态化的生活方式和消费行为。目前，每年大约有1.5亿人次享受到生态福利，森林旅游持续火热。

森林旅游主要是以森林、湿地、荒漠和野生动植物资源为依托，并在这些环境中实施观光游览、健身养生、休闲度假、文化熏染等活动。广义上的森林旅游主要是指人们在森林中进行的各种活动，任何形式的野外游憩。狭义上的森林旅游是指人们以森林为背景开展的野营、野餐、登山、赏雪等各种旅游休憩活动。森林旅游在学界虽然有诸多不同的表述，但其核心要义基本一致，即森林旅游主要依托森林风景资源开展以旅游为主要目的的各种活动，有的森林旅游直接利用森林资源，有的则间接利用森林作为活动的背景。

森林旅游最早出现在美国。1872年，美国黄石公园创建，它是森林旅游的早期形态。第二次世界大战以后，依托森林资源开展旅游的商业形态逐渐出现，至1960年，世界各国均承认森林旅游所蕴含的经济价值与旅游价值，并且以森林旅游为载体的森林资源开发越来越多。1960年美国举行的第五届世界林业大会，成为森林旅游兴起的一个重要会议，自那以后，世界多国纷纷开展了本国的自然保护区以及国家森林公园的发展与规划，在为本国国民提供休闲旅游场所的同时，也吸引了众多外国观光游客，成为促进经济发展的绿色产业。1982年，国务院批准在张家界建设中国第一个国家森林公园，即"张家界国家森林公园"，此举标志着我国森林旅游业成为单独经济产业的开端。

2016年9月，国家林业局颁布了《关于着力开展森林城市建设的指导意见》，其中"着力推进森林城市群建设"被列为我国未来林业发展的8项主要任务之一。2017年，全国的森林旅游游客量再创新高，达到13.9亿人次，创造社会综合经济产值达11 500亿元，占到了国内旅游人数的28%。2012年，我国森林旅游的经济收入约为618亿元，到2017年该收入则增长至1400亿元，年增长率18%以上。从2012到2017年，全国森林旅游的游客量累计达到46亿人次，年均增长15.5%。可见，森林旅游已经成为林业又一个支柱产业，与经济林产品种植与采集、木材加工与木竹制品制造共称林业三大支柱产业。

广东省不断依托现有的森林、湿地及野生动植物资源，推动森林旅游向观光旅游与森林康养、森林体验、自然教育、山地运动、生态露营等多业态并重方向转变，除了推出传统观光旅游产品外，还重点发展"森林+"的旅游新业态，积极探索"森林+健康""森林+体育""森林+教育""森林+文化"等特色森林旅游形式，推进建设成为生态良好、宜业宜游、绿色美丽的森林生态旅游强省。广东积极推动森林旅游发展，认定了森林旅游特色线路100条和新兴品牌地100个、南粤森林人家74家，建设国家森林康养基地5个、省级森林康养基地（试点）53个，推动全省全域森林旅游全面发展；同时还建成了11个国家森林城市，推动近1000个森林公园、湿地公园免费向公众开放，并着力打造全省性大型森林文化品牌活动和自然教育活动。

（3）绿碳植树行动

2014年，广东省试图在林业六大领域开展七项重点改革。随着长隆碳汇造林项目获得国家发展和改革委员会CCER林业碳汇项目的备案，广东成为全国首例开展实质性运作的林业碳汇交易场所。同时，广东还扎实推进国有林场改革，积极开展国家公园建设试点，做好了各项机制体制建设。例如，海丰国际重要湿地生态补偿试点的实施，成为广东探索完善生态补偿制度的重要尝试。

根据我国碳达峰碳中和目标"到2025年森林覆盖率24.1%，到2030年森林覆盖率25%，未来十年造林1881.6万公顷"，以新造林4.42吨/公顷每年净碳汇量计算，新造林每年可增汇8317万吨，按照2022年12月全国平均碳配额交易价格50元/吨计算，新造林每年可产生碳汇价值42亿元。

截至2021年6月30日，广东省备案林业碳汇PHCER减排量约为177万吨。2022年广东省生态环境厅印发《广东省碳普惠交易管理办法》（粤环发〔2022〕4号）及林业碳汇方法学。根据林业碳汇方法学规定，一般地区林业碳汇碳普惠项目技术机构收益分配比例不得高于10%（即项目业主收益分配比例不得低于90%），老区苏区及民族地区项目技术机构收益分配比例不得高于5%（项目业主收益分配比例不得低于95%）。

"种下一点绿意，让生活更低碳"。广东省按照"九核、多点、两屏、三网"的空间布局，以十大重点工程为抓手，全方位推进珠三角国家森林城市群建设。在全省范围内开展山、水、林、湖的综合治理，筑牢珠三角地区的生态环境屏障，强化珠三角绿色生态水网建设，建设了诸多形态的城市生态绿核以及互联互通的生态廊道网络。同时，广东还在全国范围内率先建设森林小镇，打造城乡绿色生态一体化体系，完善生态环境教育体系，不断推进全民义务植树及造林活动，加速推进森林城市群的科技创新与发展。

据不完全统计，40年来，广东累计参加义务植树人数11亿多人次，植树超50亿株。经过全省上下的艰苦努力，广东森林面积由1985年的6900万亩增长到2020年的1.58亿亩。截至2020年，广东全省的森林覆盖率达58.66%，建成了蓄积量超5.84亿立方米的森林覆盖体系。全省有11个市获得珠三角国家森林城市称号，珠三角地区初步建成全国首个国家级森林城市群。[①]同时，截至2020年，珠三角地区的碳汇造林超3.4万公顷，林相改造超4.6万公顷，全省建成26个湿地类型的自然保护区，以及127个湿地公园。广东全省建成89处带状森林、717个街心公园，建设超6900公里的生态景观林带，超4200公里的绿道，绿化提升86公里的古驿道，建成超97.79公里的碧道。广东全省的人均城乡绿道长度达到2.26公里/万人，

---

① 张爱丽、林荫：《40年来广东11多亿人次植树50亿株》，金羊网，2021年3月27日。

超94.84%的区域建成生态廊道。广东全省建成森林城镇124个、国家森林乡村100个，建成自然生态文化教育场所829处，建成30个省级自然教育基地，自然教育普及率高达87.11%。

广东能源资源消耗强度大幅下降，陆域生态保护红线占国土面积比例达20.13%，森林覆盖率提高至58.7%；率先开展碳排放权交易、碳普惠机制和碳捕集技术等试点示范工作，截至2021年，全省碳排放配额累计成交量和金额分别为1.997亿吨和46.1亿元，为建立全国统一碳市场作出有益探索。

（4）自然保护区

清朝以前，广东的土地虽然逐渐被开发，但森林尚多，保护森林的措施未见官方明确的记载。清朝时期，只有林业被严重破坏到威胁人们生产生活之时，官府才会加以重视，主要措施是地方张贴护林告示。例如，清同治元年（1862年），广东惠东县平海镇因佛子岭的林木盗伐情况十分严重，并且时有盗伐者逞凶肇事的情况发生，官府便发布了护林告示，刻石碑，提出对毁林者"指名禀究，决不姑息"。清光绪十九年（1893年），肇庆鼎湖山附近村民在砍伐鼎湖山飞水潭一带林木之时，当地庆云寺和尚便上告肇庆知府，随后在官府的制止下，当地村民停止了砍伐，在得到肇庆知府准予的情况下，当地刻石碑晓谕禁伐鼎湖山范围的树木。清光绪二十二年（1896年），惠州博罗县罗浮山冲虚观设立《严禁砍伐山林》碑；清光绪二十七年（1901年），海南万宁青皮林设"奉官立禁"碑。中华民国时期，地方官吏仍有立碑禁伐等举措，如1924年清远县飞洞《严禁砍伐竹木，保护森林布告》碑、1935年南澳县《南县护林公约》碑等。[1]

中华人民共和国成立后，在1956年召开的第一届全国人民代表大会

---

① 广东省地方史志编纂委员会编：《广东省志·林业志》，广东人民出版社1998年版，第342页。

第三次会议上，秉志、钱崇澎等提出"划定天然森林禁伐区，保护自然植被以供科学研究的需要"的第92号议案；同年，广东建立了肇庆鼎湖山自然保护区和尖峰岭热带林自然保护区，开始了广东省护林和野生动物自然保护工作。1964年，广东省人大常委会发布《广东省狩猎管理试行办法》，对县（市）主管部门划出一定范围的自然保护区加以保护。1980年9月，广东省农委、科委、中国科学院广州分院、省科学院、科协、林业厅等6家单位在广州召开广东陆地自然生态座谈会，针对森林保护发出"保护自然资源，维护生态平衡"的倡议。《关于广东陆地自然生态科学座谈会情况的报告》指出，森林是陆地生态系统的主要组成部分，保护、开发和合理经营利用森林，对于保护环境、维护生态平衡有重要意义，是国民经济发展中具有挑战性的任务。建议现有自然保护区的面积要适当扩大，要新建一批保护区，特别要加强保护区的管理。[1]1981年，广东省委区划办公室设立了自然保护区区划领导小组，规定了自然保护区的区划原则：（一）按广东不同自然地带，选择较典型的自然综合体及其生态系统有代表性的分布地点，为科研、教学提供实验基地；（二）典型的热带雨林、季雨林和亚热带天然常绿阔叶林及其他有特殊保护价值的森林生态系统或自然资源；（三）珍贵、稀有或有特殊保护价值的野生动植物的主要生存地、繁殖地和原生地及其模式标本的产地；（四）热带、亚热带的原始（次生）林，水源涵养林和具有保护价值的名胜古迹、风景游览区；（五）有保护价值的自然景观区。[2]

1956年，全国第一个自然保护区——鼎湖山自然保护区在广东建

---

① 《广东省人民政府关于印发省农委等六单位〈关于广东陆地自然生态科学座谈会情况的报告〉的通知》，1981年1月22日，http://www.gd.gov.cn/zwgk/gongbao/1981/1/content/post_3353646.html。

② 广东省地方史志编纂委员会编：《广东省志·林业志》，广东人民出版社1998年版，第343页。

立。1988年以前，广东省的自然保护区建设重点设在海南岛；1980年，广东全省建设有12个自然保护区，其中8个在海南岛；1988年初，广东全省共建立了49个自然保护区，21个在海南岛。1988年4月，海南建省后，广东省便将自然保护区的建设方向转向粤东、粤西及粤北等地区。截至2000年，广东全省已建成173个类型各异的自然保护区，自然保护区总面积超279万公顷，海域面积达216万公顷，陆域面积为62万公顷。其中，广东有7个自然保护区成为国家级自然保护区，它们分别是鼎湖山自然保护区、始兴车八岭自然保护区、内伶仃–福田自然保护区、惠东港口海龟自然保护区、南岭自然保护区、丹霞山自然保护区、湛江红树林自然保护区。此外，广东全省建成26个省级自然保护区，包括台山上川岛猕猴自然保护区、粤北华南虎自然保护区、罗浮山自然保护区、大亚湾水产资源自然保护区等；建成7个市级自然保护区，包括从化温泉自然保护区、乳源大峡谷自然保护区；以及66个县级自然保护区，包括番禺滴水岩鸟类自然保护区、饶平大埕湾水产资源海洋生态自然保护区。[①]2023年，广东全省有15个国家级自然保护区，50个国家级自然教育基地。基本形成以国家级自然保护区为核心，以省级自然保护区为网络，市县自然保护区为血管的自然保护区建设格局。广东省自然保护地管控范围有效拓展，全省陆域自然保护地占陆域国土面积比例达13%以上。

在加快建设自然保护区的同时，广东省还加快建设了各个级别的风景名胜区。截至2000年，广东全省共建成了23个国家级和省级风景名胜区，面积达9.7万公顷。其中，建成41个国家级和省级森林公园，面积超25.9万公顷。为鼓励全社会参与自然保护小区的建设中来，1993年，广东省第七届人大常委会第二十六次会议通过《关于建立社会性、群众性

---

① 《广东省志》编纂委员会编：《广东省志（1979—2000）2 资源·环境卷》，方志出版社2014年版，第672页。

自然保护小区的决议》，随即于1993年6月广东省政府出台了《广东省社会性、群众性自然保护小区暂行规定》，使广东的各类自然保护小区得到了快速发展，全省建成超3.8万个自然保护小区，面积达42万公顷，这些自然保护小区涵盖了农村、政府、部队和企事业单位等自建的环境保护小区。例如，位于新会市天马河中沙洲上的小鸟天堂自然保护小区，地处平原区的河网地带，总面积仅1公顷，属南亚热带海洋性气候，其主要保护对象为榕树及鸟类，是远近闻名的一大奇观，是新会市有名的旅游胜地。①

目前，广东全省约550处森林公园、湿地公园免费向市民开放，增强了老百姓的获得感和幸福感，释放了绿色生态红利。广东全力推进新一轮绿化广东大行动、建设珠三角国家森林城市群。近十年，广东全省森林面积、森林覆盖率、森林蓄积量等森林资源和指标呈现稳定增长态势，位居全国前列。截至2019年底，广东全省森林覆盖率为58.61%，森林蓄积量达到5.79亿立方米，城市绿地面积接近42.44亿平方米，建成区绿化覆盖面积超过22.24亿平方米，全省绿色版图不断扩大，人居环境持续改善。

广东构建"一核一带一区"区域发展新格局、高标准建设粤北生态特别保护区的战略构想，以生态优先和绿色发展为引领，以生态经济化为主线，在高水平保护和治理中实现高质量发展。截至2020年6月4日，广东全省森林公园、湿地公园、自然保护区等自然保护地达到1362个，数量位居全国第一。

广东创建全省第一个国家公园——广东南岭国家公园，推进城乡居民身边增绿，全力改善生态环境，提供更多的生态产品。广东南岭国家级自然保护区成立于1993年，位于广东省北部，地处南岭山脉中段南麓。南岭自然保护区是珠江的发源地之一，是广东省生物资源最为丰富

---

① 《广东省志》编纂委员会编：《广东省志（1979—2000）2 资源·环境卷》，方志出版社2014年版，第677页。

的自然保护区，是广东省最大的生物物种基因库，是中国14个生物多样性热点地区之一，被誉为"物种宝库""南岭明珠"。广东省级以上生态公益林达到7212.42万亩，占林地的44.03%，一、二类林比例达到82.7%；全省森林生态效益总值1.426万亿元，森林碳储量11.81亿吨，森林生态状况居全国中上水平。

（二）先行先试，提供"广东经验"

1. 重点领域深圳先行先试

2020年，习近平总书记在深圳经济特区建立40周年庆祝大会上发表重要讲话时强调，要着眼于解决高质量发展中遇到的实际问题，着眼于建设更高水平的社会主义市场经济体制需要，多策划战略战役性改革，多推动创造型、引领型改革，在完善要素市场化配置体制机制、创新链产业链融合发展体制机制、市场化法治化国际化营商环境、高水平开放型经济体制、民生服务供给体制、生态环境和城市空间治理体制等重点领域先行先试。[1]2012年12月7日至11日，习近平总书记在深圳莲花山公园种下一棵高山榕树。这是续邓小平在深圳仙湖植物园种下一株高山榕，一如既往支持深圳改革。深圳开展了综合改革试点，以清单批量授权的方式赋予改革自主权，推出27条改革举措和40条首批授权事项，形成一批可复制可推广的重大制度创新成果。

（1）敢为天下先

改革开放以来，深圳创造了多个全国第一。例如，第一个出口加工区，第一个商品房小区，第一个建筑招投标制，第一家外资银行，第一家外资保险公司，第一张股票，第一家律师事务所，第一个打破"大锅饭"，第一个取消粮油凭票供应，第一个主题公园，第一家股份制商业

---

① 《习近平在深圳经济特区建立40周年庆祝大会上的讲话》，人民网，2020年10月15日。

银行，第一次土地拍卖，第一个保税工业区，第一家股份制保险公司，第一家外汇调剂中心，第一家证券交易所，第一个文博会，第一个中国科技展高交会，第一个战略性新兴产业发展规划，第一个启动商事制度改革，第一家互联网银行，第一个"人才日"，第一个实现公交车纯电动化等，均在深圳诞生。40多年发展历程，使深圳从只有"一条街道、一盏红绿灯、一个小公园"的边陲小镇，迅速崛起为一座现代化大城市。全市国内生产总值从1979年的1亿元增至2009年的8201亿元，位居全国大中城市第四位；再增至2019年的2.69万亿，城市排名仅次于上海、北京。全市人均国内生产总值从606元增至9.27万元，居全国大中城市第一。

（2）40多年来，深圳改革开放内涵不断提升

从改革开放初期实施的"三来一补"、粗放型发展的工业园区等战略，到不断推动工业经济转型升级，积极打造战略性新兴产业高端化、融合化、集聚化、智能化发展，再到经济发展开始向新一代信息技术、生物、新能源等新兴产业发展方向转变，深圳改革开放内涵不断提升。2013年，深圳市政府发布了促进产业转型升级的"1+6"文件，文件要求深圳的一般制造业需快速向先进制造业转型，实现税负的逐步下降，向大数据、智能制造、生命健康等产业为代表的先进制造业快速靠拢。2019年，深圳市的先进制造业相关税收达834.9亿元，占制造业税收比重近2/3。其中，全市的生物医药产业税收达71.6亿元，同比增长7.1%。截至2019年，深圳已建成超过7000家各类产业园，2/3规模以上企业以及80%规模以上工业产值都来源于这些产业园。

（3）先行示范区

深圳从一个边陲农业县发展成为现代化国际化创新型城市，城市经济竞争力位居全球前列。2019年8月，《中共中央　国务院关于支持深圳建设中国特色社会主义先行示范区的意见》发布，对深圳到21世纪中

叶的发展目标提出了要求。例如，深圳要在21世纪中叶成为竞争力、创新力、影响力卓著的全球标杆城市，体现在5个主要方面：创新发展、城市文明、法治政府、民生幸福、生态环境。深圳要率先打造人与自然和谐共生的美丽中国典范。构建以绿色发展为导向的生态文明评价考核体系，首先要落实生态环境保护"党政同责、一岗双责"，其次是实行最严格的生态环境保护制度，再次是加强生态环境监管执法，对违法行为"零容忍"。运用环境信用评价、信息强制性披露、环境公益诉讼手段，深化生态文明制度改革；强化绿色低碳循环体系建设，加强区域生态环境联防共治，以市场为导向，带动绿色产业发展；继续实施能源消耗总量和强度双控行动，率先建成节水型城市，《2020年中国城市高质量发展报告》显示，深圳的高质量发展总得分排在北京、上海、广州之前，位居全国第一。具体而言，在综合绩效、协调发展、绿色发展三个方面，深圳排名全国第一，并在宜居、宜商、宜创业方面名列前茅，深圳成为全国创新发展的风向标。

2. 国家生态文明先行示范区

（1）生态示范区

生态示范区是以生态学和生态经济学原理为指导，以协调经济、社会发展和环境保护为主要对象，统一规划，综合建设，生态良性循环，社会经济全面、健康持续发展的一定行政区域。生态示范区是一个相对独立，对外开放的社会、经济、自然的复合生态系统。

为了适应可持续发展战略的需要，在借鉴和吸收国外经验的基础上，1995年国家环境保护局在全国范围内开展了生态示范区建设试点工作。生态示范区建设是在一个市、县区域内，由政府牵头组织，以复合生态系统建设为对象，以区域可持续发展为最终目标的一种工作组织方式。生态示范区建设的主要目的在于调整区域内的经济发展与生态环境之间的关系，建立起人与自然和谐相处的社会，推动经济、社会和自然环境的可持续发展。

（2）国家级生态市县

国家级生态市县是践行科学发展的品牌象征。所谓国家级生态市县，是经济社会和生态环境相互协调发展，经济、社会等各个领域基本符合可持续发展要求的市县级行政区域。根据《全国生态县、生态市创建工作考核方案》，生态县考核指标包括5项基本条件和22项建设指标，涵盖了经济发展、生态环境保护、社会发展的各个方面，而且每项指标都有量化分值，比如对欠发达地区，要求农民年人均纯收入不低于4 500元，森林覆盖率不低于75%，环境保护投资占GDP的比重不低于3.5%，等等。其中涉及环境保护的19条，占指标的86%。截至2013年4月15日，广东省获得国家生态市（区、县）称号的有：深圳市的盐田区、福田区、南山区，及中山市。1999年12月1日，国家环保总局批准中山市成为第四批全国生态示范区建设试点地区；2009年11月，顺利通过国家生态建设示范区考核验收；2010年10月10日，被国家环保部拟命名为国家级生态建设示范区。

（3）借鉴福建打造生态省建设经验

1978年11月22日，邓小平批示了原福建农学院教授赵修复同志关于《保护名闻世界的崇安县生物资源》的内参，并要求福建省委采取有力措施解决，使福建方面很快就加强了对崇安县的生物资源保护工作。1979年7月，国务院批准武夷山自然保护区为国家重点保护自然区；1987年，武夷山自然保护区被联合国教科文组织列入世界生物圈保护区；1999年，武夷山自然保护区又被录入世界自然文化双遗产名录。

2000年，时任福建省省长的习近平提出了建设生态省的战略构想。习近平特别强调，占全省污染物排放总量65%以上的96家省级重点工业污染企业法人代表，一定要进一步明确生态环境整治任务。对其他23位未亲自到会的企业法人代表，要求他们一个月内到省政府"重新补课"。习近平还严肃指出："那些肆意破坏我们赖以生存环境的人，无异于'谋财害命'。几千万人都在喝这个水，你为了一点利益、为了一点税收，造成人们生命、健康的损失，这是绝对不能允许的。"[①]习近平强调，要坚决依法责令进行停产治理或关闭，还要追究经济责任直至刑事责任，不能为了一个企业的生存和效益而影响到人民群众的生命财产安全。

同时，福建省人民政府开展了多次"环保零点"行动，有关厅局统一成立了7个工作小组、9个督查组，去各地市进行了5次统一的分组督查，并向省政府汇报督查情况。经过不懈努力和严格督促，到了2000年底，全省实现了"一控双达标"的各项指标。福建全省12条水系水质持续改善，2001年达到和优于三类水质的省控断面比1995年提高了46.8个百分点。2001年，福建省提出了建设生态省的战略，生态文明建设起步早、力度大。多年来，福建省节能降耗水平和生态环境状况指数始终保持全国前列，森林覆盖率连续37年保持全国第一。2002年，福建省被列为全国第四个生态省建设试点省份。2004年11月，福建省委、省政府出台《福建生态省建设总体规划纲要》。2010年5月，福建省人大常委会作出了《关于加快生态文明建设的决定》。2011年9月，福建省政府下发《福建生态省建设"十二五"规划》。2013年11月，福建省委九届十次全会明确提出推动生态文明先行示范区发展，建设美丽福建。福建成为党的十八大以来，国务院确定的全国第一个生态文明先行示范区。2014年，福建生态文明先行示范区建成，福建还开展了生态文明建设评价考核试点，探索建立生态文明建设指标体系。

国家环境保护总局已正式批准7个省作为全国生态省建设试点省份，分别是海南、吉林、黑龙江、福建、浙江、山东、安徽。2016年，中央全面深化改革领导小组第25次会议审议通过了《国家生态文明试验

---

① 中央党校采访实录编辑室：《习近平在福建》（下），中共中央党校出版社2021年版，第38页。

区（福建）实施方案》（以下简称《福建方案》），福建成为全国首个生态文明试验区。《福建方案》开展了38项生态环境领域的重点改革任务，并专门制定了专项改革方案。自开展以来，福建已有22项经验开始向全国推广，呈现出"三年三步走，年年出成果"的状态。

2016年8月，中共中央办公厅、国务院办公厅印发了《关于设立统一规范的国家生态文明试验区的意见》，确定了开展国家生态文明试验区建设的方针，并决定在福建、江西、贵州三省建设生态文明试验区试点。三省探索出了一批可复制、可推广的制度成果。同时，国家发展改革委也出台了《国家生态文明试验区改革举措和经验做法推广清单》，推广的改革举措和经验做法共14方面90项，向全国分享了建设生态文明试验区的相关经验及做法。

其中，福建省还搭建了全国首个生态云平台，实现了对全省的生态环境数据的实时全程监测和资源整合与共享。针对水、大气、土壤采取了多种手段进行保护，一方面不断降低污染物排放，另一方面则不断通过生态保护和修复来扩大环境容量，进一步提升生态环境治理的系统性、整体性、协调性和可持续性。此外，福建省还积极推进污染物的第三方治理，开展生态环保工程投资工程包，通过第三方综合治理来解决一些突出的环境污染治理"硬骨头"，取得了良好效果。

（4）国家生态文明先行示范区

2011年，广东省环境保护厅印发《广东省环境保护厅关于省级生态建设示范区的申报和管理办法（试行）》。该办法指出广东省级生态建设示范区目标：建立完善资源循环利用的机制体制，在节能减排和碳强度指标方面超出政府要求，降低万元工业增加值用水量，提升农业灌溉水有效利用系数，城镇（乡）生活污水处理率、生活垃圾无害化处理率等方面处于全国前列，建成设施功能完善稳定的城镇供水水源地体系，全省境内的林、草、湖、湿等面积不断扩大，有效遏制水土流失、沙化、荒漠化、石漠化现象，农村耕地质量有保障，生物多样性态势明显好转，覆盖全省的生态文化体系、生态保障体系等基本建立，绿色生活方式在全省范围内普遍推行，生态环境保护制度得到有效落实，全省生态文明体系建设不断完善，产生一大批可复制、可推广的生态文明建设经验与范例。国家生态文明先行示范区建设目标体系，围绕经济发展质量、资源能源节约利用、生态建设与环境保护、生态文化培育、体制机制建设等5大方面，51个指标展开评估。2014年，国家生态文明先行示范区建设名单（第一批）公布，广东省梅州市、韶关市入选。

（5）广东省梅州市国家生态文明先行示范区

梅州是广东省相对落后的山区，但同时又是华南地区非常重要的生态走廊和广东省韩江的中上游水源地，发展和保护任务十分艰巨。梅州通过加快打造生态产业、加速生态资源价值化、推动生态和文化协同保护等路径，实现发展和保护的统一，走出一条独特的绿色崛起之路。梅州市政府以研究报告为底本形成的《梅州市国家生态文明先行示范区建设方案》获得了省和国家的认可，成功申报成为第一批国家生态文明先行示范区。

改革开放以来，梅州的发展经历了"希望在山"到"生态梅州"的转变，最后提出"绿色崛起"理念。一直以来，梅州都以生态文明作为全市发展的主要着力点，积极探索具有自身特点的科学发展道路，探索出一条生态文明与经济社会协调发展的新路。梅州在维护生态文明持续发展的基础上，初步构建了基于主体功能区划的国土空间体系，全市的生态环境治理取得显著效果，不断创新生态文明建设的机制体制，夯实了生态文明基础，实现了"果园变公园、农产品变旅游商品"的跨越式发展。近年来，梅州建成了诸多生态保护区，形成了良好的生态环境发展格局。例如，建成了客家文化（梅州）生态保护区（国家级）、原中央苏区县（梅州全域）、世界长寿之乡（蕉岭）、深呼吸小城（大埔）、国际慢城（梅县区雁洋镇）等，荣获中国古村落、中国历史文化名镇（村、街）、公众安全感全省第一、全国十佳优质生活城市等荣誉称号。

在探索建设生态文明先行示范区的过程中，梅州不仅大力发展了绿色经济、夯实了广东生态屏障，而且还总结出了一系列可复制可推广的经验，为全国其他地区开展生态文明建设提供了范例。具体而言，梅州的生态文明建设经验主要有以下三点：

一是推行科学发展。生态文明的建设，并非抛弃工业文明，回到工业社会以前的生产生活方式，而是以最低的环境资源消耗为基础，遵循自然规律，实现可持续发展、人与自然和谐的生态文明建设格局，打造生产发展、生活富裕、生态良好的社会主义现代化社会。工业社会以来，人类不断地对资源进行索取，并且罔顾生态自然演替的规律采取竭泽而渔的发展方式。那种对自然界无节制的索取以及毫无底线的掠夺，只会导致自然环境的恶化，最终反噬人类自身，导致社会动乱不断发生。梅州市委、市政府正是看到了以往发展的弊端，才树立了可持续、人与自然和谐的发展目标。

二是不触碰生态红线。在宏观上，梅州市不断以优化国土空间格局来实施主体功能区规划，大力建构生态环境屏障，为城市发展、百姓生活创造良好的生态环境。在中观上，梅州市以调整优化产业结构为抓手，大力开展节能减排措施，不断淘汰落后产能，大力发展生态旅游业。在微观上，梅州市大力开展节约资源活动，推广清洁生产、实施循环发展、大力促进资源回收利用等。习近平总书记强调："在生态环境保护问题上，就是要不能越雷池一步，否则就应该受到惩罚。"①然

① 《在习近平生态文明思想指引下，中央生态环境保护督察动真碰硬　推动生态文明建设不断取得新成效》，《人民日报》2022年7月7日。

而，在利益的诱惑下，部分区域或企业仍有可能罔顾生态环境保护这一红线，不仅触犯党纪国法，而且还使好不容易有所好转的环境再度恶化。因此，在生态文明建设过程中，加强生态环境脆弱区和重点开发区的资源环境承载方面的研究非常有必要。对此，梅州通过建立资源环境承载预警机制加以实施，对违反生态文明建设红线的行为严格限制，严厉处罚。

三是树立目标考核意识。在对生态文明建设进行考核的过程中，梅州一方面建立科学的考核评价体系，另一方面则不断强化实效，做到有考必核。近年来，梅州出台或修正了一系列考核体系，取得了良好的成效。同时，梅州还把资源消耗、环境损害、生态效益纳入国民经济、社会发展的相关评价，完善了生态文明建设的目标体系、考核方法、奖惩机制等。此外，梅州还在原有干部考核体系背景下，对全市自然资源资产的负债进行了摸底，出台了生态环境、自然资源离任审计制度，大力实施区域生态补偿机制等，取得了良好效果。

梅州坚持以党的二十大精神为引领，秉持"保护优先、整体保护、见人见物见生活"的理念，围绕"遗产丰富、氛围浓厚、特色鲜明、民众受益"的目标，全方位、高质量推进客家文化（梅州）生态保护区迈上新台阶。

2023年，文化和旅游部公布第二批国家级文化生态保护区名单，客家文化（梅州）生态保护区名列其中，成为目前广东首个国家级文化生态保护区。其范围覆盖梅州市全境8个县（市、区），面积约1.58万平方公里。

实施全域统筹的"梅州模式"。创新体制机制，成立领导小组，建立联席会议制度，形成市县二级的"总分馆"模式，并将实验区建设纳入梅州市"十二五""十三五""十四五"规划纲要，出台《客家文化（梅州）生态保护实验区管理办法》《梅州市客家围龙屋保护条例》等9项政策法规。同时，广聚各方力量参与修缮客家民居、建设非遗街区、保护文物和传统村落，争取中央和省级财政资金4865万元、侨胞和社会贤达投资68.6亿元，形成上级支持、本级投入和社会参与的多元投入机制。

培育弘扬客家文化的"梅州现象"。大力推动围龙屋"申遗"步伐，探索形成保护利用并重、文旅相融的围龙屋发展模式。推动非遗活动、文化体验和演艺精品进景区，评选梅州文十景、红十景、历史文化游径、非遗主题旅游线路，设立五华石雕、兴宁藤编等非遗扶贫就业工坊，促进农文旅深度融合。聚焦客家非遗题材，创演广东汉剧《王昭君》、客家山歌剧《白鹭村》、音乐剧《血色三河》、提线木偶剧《沙家浜·智斗》等具有岭南气派、客家风格、梅州特色的文艺精品，助力"人文湾区"建设。

打造世界客都建设的"梅州路径"。依托嘉应学院客家研究院，与全球知名客家学术团体合作开展理论研究和实践探索。利用世界客商大会、世界客属恳亲大会等节会，以及国际博物馆日、中国旅游日、文化和自然遗产日等节日，持续开展客家非遗展示推介，促进梅州与全球的文化交流互鉴，梅州获得2023年"东亚文化之都"授牌并将举办梅州年活动。发挥全媒体宣传优势，举办"非遗进校园·进景区·进展区""客都文化公益讲堂"等惠民品牌活动，推出"客家文化　心手相传""赏非遗　看客家　建生态　兴文化"等25条特色宣传口号，实现客家文化宣传全覆盖、传播全链条。

（6）广东省韶关市国家生态文明先行示范区

韶关地处粤北，南临珠三角核心地带，北接湖南，东邻江西，西可达广西，是重要的三省通衢之地。韶关是广东省最大的再生能源基地和天然生物基因库，具有丰富的动植物和林副产品资源。韶关市蕴藏着丰富野生动植物资源，全市共记录国家和广东省重点保护野生动植物193种。森林生态系统丰富多样，全市有林地面积127.74万公顷，森林覆盖率达到74.43%，森林蓄积量9652万立方米，反映森林资源的核心指标数据均稳居全省前列，获评全国绿化模范城市。

韶关市作为"一核一带一区"发展格局中北部生态区的核心城市，在全省区域协调发展和带动北部山区振兴中具有重要使命。韶关地形地貌多样，山水林田湖草生态要素齐全，是广东重要的生态屏障。域内南岭山区是国家"两屏三带"生态安全战略格局中南方丘陵山地带的核心区，所辖7个县（市）在全国主体功能区规划中被纳入南岭山地森林及生物多样性重点生态保护区，占市域面积比例超过80%。

韶关具有两千多年历史底蕴，交通区位优越、工业基础厚实、农业富有特色，生态旅游资源丰富，不仅是中国优秀的旅游城市，还是全国双拥模范城市、全国卫生城市、国家园林城市、中国金融生态城市、国家第二批节能减排财政政策综合示范城市和国家生态文明现行示范区等。

2008年5月，韶关市被原国家环境保护部列为全国首批6个生态文明建设试点地区之一，不仅成立了生态文明建设工作领导小组，而且出台了《关于加强生态文明建设的决定》《广东省韶关市生态文明建设规划（2008—2015年）》，系统开启了全市生态文明建设之路。2014年7月，韶关市被列入国家第一批生态文明先行示范区，制定实施《韶关市国家生态文明先行示范区建设方案（2014—2018年）》，逐步形成了符合主体功能定位的生态发展格局，初步建立了生态文明建设典型模式。

迈入新时期新阶段，韶关市组织编制《韶关市生态文明建设规划（2021—2035年）》，对韶关市生态文明建设工作进行统一指导，围绕生态环境这一主轴，生态经济这一核心，以生态工程建设为抓手，大力推进生态制度建设，主动融入粤港澳大湾区、深圳先行示范区"双区"建设，加快促进传统经济社会发展的绿色转型，积极创建国家生态文明建设示范区，努力打造绿色发展韶关样板。韶关市以资源环境承载能力和国土空间开发适宜性评价为基础，划定生态保护红线面积5865.26平方公里，占国土面积31.85%，并构建了以"三线一单"（生态保护红线、环境质量底线、资源利用上线和生态环境准入清单）为核心的生态环境分区管控体系，强化国土空间环境管控，深化生态环境保护精细化管理。

规划任务与措施主要包括生态制度体系建设、生态安全体系建设、生态空间体系建设、生态经济体系建设、生态生活体系建设、生态文化体系建设六大生态文明体系建设。

一是生态制度体系建设。主要从严格生态环境保护制度、建立资源资产价值化机制、强化责任落实制度、构建现代环境治理体系等四大方面建设生态文明制度体系。其一，作为国家土壤污染综合防治先行区，韶关探索建立具有韶关特色的、可推广可复制的土壤环境管理机制，出台了《韶关市土壤污染综合防治管理暂行办法》及配套实施细则，建成"粤北韶关土壤环境污染修复技术研发、评估验证与工程示范基地"。生态文明体制改革持续发力，实施《关于加快推进资源资产价值化的实施意见（试行）》（韶发〔2021〕7号），深化"林长制"改革，推行"河长制""湖长制""路长制"。党的十八大以来，韶关生态文明体制不断改革，自然资源资产产权制度、河（湖、林）长制、排污许可制度、国家公园制度、生态保护红线制度等改革举措全面实施，生态文明制度体系"四梁八柱"基本形成。其二，探索开展生态系统生产总值（GEP）核算，基于韶关实际，对生态环境资源实施了分类管理清单，对市县两级开发利用资源的范围和权限进行了明确，对县级统筹开发利用的资源采取备案制管理，同时接受市级层面监督，防止资源无序开发、资源浪费。其三，探索将区域自然生态系统分为林地、湿地、河流湖库、城市绿地以及未利用地等6个类型，建立各个自然生态系统生产总值核算体系，量化各自然生态状况和生态价值，为韶关市生态文明建设、自然资源资产负债表编制、自然资源资产离任（任中）审计、生态脆弱区保护考核提供科学依据，并以此评估韶关生态系统为人类提供的福祉以及对城市发展的支撑作用。其四，压实各级各部门生态环境保护"党政同责、一岗双责"，建立健全生态文明建设评价考核体系、绿色发展指标体系、党政领导干部生态环境损害责任追究制度，为韶关绿色高质量发展注入源源不断的活力。落实《党政领导干部生态环境损害责任追究办法（试行）》，明确各级党委、政府对本地区生态文明建设负总责，党政主要领导负全面领导责任。明确各级各部门生态文明建设工作职责。加强市县生态环境保护委员会建设，建立健全工作体制机制，强化对生态环境工作的统筹领导和协调推进。构建完善生态环境保护监管督查体系，针对性开展专项督查或专项检查行动，加强对区域内自然资源开发利用活动、重要生态环境建设和生态保护修复等工作的监督管理。加强考核结果应用，将考核结果作为各级领导班子和领导干部任用和奖惩、专项资金划拨的重要依据。完善以排污许可制为核心的固定污染源监管制度。持续推进排污许可制改革，完善企业台账管理、环境风险隐患排查、自行监测、执行报告制度。开展基于排污许可证的监管、监测、监察"三监"联动试点，推动重点行业环境影响评价、排污许可、监管执法全闭环管理。

二是生态安全体系建设。主要以保护水环境质量安全、大气环境质量安全、土壤环境质量安全、固体废物污染防治为核心，加强生态保护和修复，加大生物多样性保护，强化环境风险预警等方面建设生态安全体系。其一，以高标准、严要求、硬措施打好打赢蓝天、碧水、净土三大污染防治攻坚战，因环境治理工程项目推进快，重点区域大气、重点流域水环境质量明显改善，获得国务院督查激励。五年来，韶关加强生态文明建设，粤北生态屏障更加牢固。大气环境质量持续改善，2020年市区空气质量优良比例97.3%，达标天数356天（优187天、良169天），创下2014年空气质量评价新标准实施以来的新纪录。市区空气质量指数优良率连续四年达90%以上，其中2021年达到98.4%、创历史新高、居全省第四。水环境质量稳定向好，建成万里碧道232公里。2017年以来，韶关市13个地表水国考断面水质优良率、集中式饮用水源水质达标率保持100%。土壤环境风险有效管控。"十三五"期间，韶关市基本形成覆盖城乡的环保基础设施体系，建成城镇生活污水处理厂73座，工业园区污水处理设施11座，污泥处理处置设施3个，循环经济环保园（垃圾焚烧发电项目）2个，全市城镇生活垃圾无害化处理率100%。其二，分类建立台账，实施VOCs精细化管理。推进钢铁和水泥等重点行业超低排放改造，力争2025年底前基本完成钢铁企业烟气超低排放改造，力争2025年全市水泥（熟料）制造企业的水泥窑及窑尾余热利用系统烟气NOx排放浓度不高于100毫克/立方米。加大工业锅炉整治力度，禁止新建35蒸吨/小时以下燃煤锅炉，到2025年基本淘汰现有35蒸吨/小时以下燃煤锅炉；持续开展生物质成型燃料锅炉整治，推动实施燃气锅炉低氮燃烧改造。

三是生态空间体系建设。主要从加强生态空间用途管制、强化自然保护地体系保护、优化国土空间布局等方面建设生态空间体系。其一，贯彻落实国家、省有关要求，对韶关的生态保护红线、环境质量底线、资源利用上线进行了摸底，以生态环境质量改善为目标，通过划分环境管控单元，制定生态环境准入清单，落实管控单元生态环境管控要求。力争到2025年，进一步完善"三线一单"生态环境分区管控体系，建立"三线一单"政策管理体系，形成以"三线一单"成果为基础的区域生态环境评价制度。其二，加快建立以国家公园为主体的自然保护地体系。开展自然保护地勘界立碑、自然资源本底调查、编制自然保护地总体规划和专项规划、确权登记、坚持"一地一牌一机构"、建立自然保护地建设和运行经费保障机制等工作，推进各类自然保护地整合优化。以广东南岭国家公园创建为契机，构建具有韶关特色的生态系统保护模式，形成完善的分类科学、布局合理、保护有力、管理有效的自然保护地分类分级管理体制。其三，强化自然生态空间用途管制，优化国土空间开发保护格局，统筹划定永久基本农田保护红线、生态保护红线、城镇开发边界三条控制线，科学布局生态、农业、城镇等功能空间，统筹优化各类资源要素配置，形成国土空间开发保护"一张图"。其四，健全生态保护补偿机制。围绕生态文明建设和"加快转型升级、建设幸福广东"的主要任务，落实国家实施主体功能区规划的要求，韶关市积极建立生态保护补偿机制，加大对生态环境保护的力度的同时，加大投资力度，对重点生态功能区的县（市）给予适当的转移支付补偿，强化这些地方提供基本生态环境服务的能力，激发广大人民群众保护生态环境的积极性。纵向看，加大生态补偿转移支付资金支持力度，将生态保护区（自然保护地、南岭生物多样性保护优先区域等）的相关事项纳入生态补偿范围。通过现有基金争取、探索设立市场化产业发展基金等方式，支持基于生态环境系统性保护修复的生态产品价值实现工程建设。探索通过发行企业生态债券和社会捐助等方式，拓宽生态保护补偿资金渠道。横向看，探索异地开发补偿模式，积极争取完善东江流域、北江流域省内横向生态保护补偿制度，推动下游受益地区与保护生态地区、流域上游通过资金补偿、购买生态产品和服务、对口协作、产业转移、共建园区等多元化方式建立横向补偿机制。

四是生态经济体系建设。主要从开展碳达峰碳中和行动、推动产业结构优化和转型升级、加快能源结构调整与优化、促进产业循环发展和资源能源集约利用、推进重点领域资源资产价值化等方面建设生态经济体系。其一，开展了碳排放权交易工作。韶关市完成了电力、钢铁、水泥等三个行业共17家企业有偿碳排放权配额发放工作，与广东省同步实现碳排放权配额在线交易；完善温室气体清单编制工作机制，定期编制韶关市温室气体排放清单，鼓励县区开展温室气体清单试点。其二，围绕"全力筑牢粤北生态屏障、打造绿色发展韶关样板、争当北部生态发展区高质量发展排头兵"目标，坚持绿色高质量发展，主动对接融入"双区"建设，构建绿色工业体系，重点打造先进材料、先进装备制造、现代轻工业三大战略性支柱产业集群。加快培育绿色发展新动能，深入实施可持续发展战略，推进新型工业化、新型城镇化、农业农村现代化、资源资产价值化、改革攻坚系统化以及治理体系和治理能力现代化"六化协同"，建立绿色低碳循环发展经济体系。其三，控制农业生产活动温室气体排放，开展低碳农业试点示范，大力增加森林碳汇，全面推进森林碳汇、生态景观林带、森林进城围城、乡村绿化美化林业等重点生态工程建设，发展湿地碳汇，增强湿地固碳能力。

五是生态生活体系建设。主要是从构建城市绿色空间、绿色城镇化及生态城区建设，贯彻实施乡村振兴战略，建设美丽乡村、促进绿色生活方式的形成等方面建设生态生活体系。其一，逐步壮大生态农业规模。深入打造"跨县集群、一县一园、一镇一业、一村一品"现代农业产业体系，开展现代农业产业发展十大行动，形成优质稻、优质蔬菜、特色水果等6大主导产业与茶叶、油茶、中药材等6大特色产业相结合的"6+6"发展格局。其二，加快推进韶关"12221"市场体系建设，着力构建韶关大宗优势农产品的全产业链大数据服务体系。目前，韶关市获批的省级现代农业产业园合计13个，获批数量居全省前列，实现县域全覆盖；省级以上林下经济示范基地27个。整合打造"善美韶农"农业品牌体系，培育提升"韶关兰花""韶关茶""韶关水果"等单品类区域公共品牌。

六是生态文化体系建设。主要是从建设生态文化载体、加大生态文明理念宣传教育、推动生态文明共建共享等方面建设生态文化体系。其一，加快培育生态产品市场经营开发主体，鼓励盘活红色资源、废弃矿山、工业遗址、古旧村落等各类资源，推进相关资源权益集中流转经营，统筹实施生态环境系统整治和配套设施建设，提升教育文化旅游开发价值。利用高科技新技术、资源融合等手段，实现废弃资源和闲置资产变废为宝、变旧为新。其二，韶关市举办了徒步穿越丹霞山、铁人三项挑战赛、南粤古驿道定向大赛、广东省环南水湖自行车公开赛等大型文旅活动，以及全国农民丰收节、广东乡村旅游季等旅游节庆活动，生态旅游建设成果丰硕。其三，推进绿色学校、绿色教育基地创建。宣扬生态文化，不断提升民众的生态文化素质，倡导简约适度、绿色低碳、文明健康的生活理念和生活方式。加强生态教育课程体系建设，力争到2025年全民生态教育全面加强，公众对生态文明建设的参与度达到80%以上。培养适应生态文明建设、低碳经济社会发展需求的人才。建立完善党政干部生态文明培训制度，科级以上党政干部每年接受一次以上生态文明教育。

（7）国家生态文明建设示范市县

国家生态文明建设示范市县是国家生态县、市的"升级版"，是衡量一个地区是否达到国家生态文明建设示范县、市标准的依据。2016年，原国家环境保护部出台《国家生态文明建设示范区管理规程（试行）》《国家生态文明建设示范县、市指标（试行）》；2018年5月，《国家生态文明建设示范县、市指标（试行）》修订为《国家生态文明建设示范县、市指标》。文件指出，以不断优化国土生态空间格局、深化资源节约利用、花大力气保护生态环境、强化生态环境机制体制建设为重点任务，以大力推动绿色发展、形成绿色理念、提升生态文明质量为导向，从6个方面设置38项（示范县）和35项（示范市）生态文明建设指标。这6个方面是生态空间、生态经济、生态环境、生态生活、生态制度、生态文化。国家生态文明建设示范市县将替代国家生态市县，成为地方新的国字号绿色荣誉。能够获得"国家环境保护模范城市""国家卫生城市""全国园林城市"等称号是参评"国家级生态建设示范区"

的必备条件。生态建设示范区除了在环境保护方面提出了高要求外，还对三产、生产总值、居民收入、教育等方面做出了明确要求。这说明"国家级生态建设示范区"指标要求更高、更全面。这也是目前国家环保部对各地方生态环保工作最高层面的肯定。

2016年，广东省出台《关于加快推进我省生态文明建设的实施意见》，表明广东省委、省政府对生态文明建设的高度重视，也为广东的绿色发展与生态文明建设提供了指导方针。2017年以来，广东全省上下联动、扎实推进生态文明建设工作，其中，在国家生态文明建设示范市县和"绿水青山就是金山银山"实践创新基地创建方面下足了功夫，不断探索符合广东地方特色的生态文明建设之路，就"绿水青山"转换"金山银山"的路径进行了有益探索。生态环境部对获得国家生态文明建设示范市县、"两山"基地称号的地区，给予相关政策和项目倾斜，以鼓励全国各地建立形式多样的生态文明示范区，激发各地生态文明区的创建工作和"两山"基地的建设。

2017年，第一批国家生态文明建设示范市县发布，广东省珠海市、惠州市、深圳市盐田区入选。

2018年，第二批国家生态文明建设示范市县公示，广东有5个县（区）入选，包括广东省深圳市罗湖区、深圳市坪山区、深圳市大鹏新区、佛山市顺德区、惠州市龙门县。此外，惠州市龙门县是广东省唯一入选的全国旅游标准化试点单位。2018年9月，惠州市龙门县又作为广东唯一一个获得了"中国天然氧吧"称号的县（区）。惠州市龙门县在建设国家生态文明建设示范县过程中，持续改善城镇的生态环境质量，提升生态环境水平，开启了"生态+"的经济发展模式；同时，还积极倡导绿色低碳生活，践行绿色理念，加大投入建设低碳城区，并花大力气建设了自然保护区、森林公园等。

2019年，第三批国家生态文明建设示范市县公布，广东新增3个县

（区）入围——深圳市福田区、佛山市高明区、江门市新会区。

2020年，国家生态文明建设示范市县第四批公示，广东省广州市黄埔区、深圳市（含南山区、宝安区、龙岗区、龙华区、光明区）、肇庆市、韶关市始兴县、清远市连山壮族瑶族自治县、清远市连南瑶族自治县上榜。

2021年，广东省佛山市、汕尾市、东莞市入选第五批生态文明建设示范区。广东省深圳市大鹏新区、梅州市梅县区入选第五批"绿水青山就是金山银山"实践创新基地。

2022年，广东省韶关市、江门市恩平市、肇庆市广宁县被命名为第六批生态文明建设示范区；深圳市龙岗区、茂名市化州市被命名为第六批"绿水青山就是金山银山"实践创新基地；广东省深圳市光明区生态环境保护委员会办公室荣获"中国生态文明奖先进集体"称号；广东省生态环境监测中心监测二室陈多宏荣获"中国生态文明奖先进个人"称号；广州市建筑废弃物处置协会荣获"2020—2021绿色中国年度人物"提名。截至2022年，广东建有8个国家生态文明建设示范市，20个国家生态文明建设示范县，7个"绿水青山就是金山银山"实践创新基地。

3. 大气污染防治先行示范区

习近平总书记高度重视大气污染防治工作，全国各地在习近平生态文明思想的指引下，坚决贯彻落实党中央、国务院决策部署，组织力量全力打好蓝天、碧水、净土保卫战，取得了巨大成效。党的十八大以来，党中央对污染防治，推动生态环境保护决心之大、力度之大前所未有，取得前所未有的成效。

（1）"大气十条"阶段性完成

2013年，国务院发布了《大气污染防治行动计划》，提出10条措施解决大气污染问题，即"大气十条"。2017年，全国空气质量总体改善，重污染天气较大幅度减少。2017年，京津冀、长三角、珠三角PM2.5

浓度比2013年同期分别下降38.2%、31.7%、25.6%，降幅均大幅高于考核标准。"大气十条"第一阶段目标全面完成。

2018年，国务院出台《打赢蓝天保卫战三年行动计划》，旨在持续改善空气质量，为群众留住更多蓝天。随后，中共中央、国务院发布《关于全面加强生态环境保护　坚决打好污染防治攻坚战的意见》，对打好污染防治攻坚战作出全面部署，并确定到2020年三大保卫战具体指标。

广东是制造大省、人口大省，生态环境保护工作始终是坚守和科学防控。自2015年起，广东空气质量六项指标连续多年整体达标。广州按照"减煤、控车、降尘、少油烟"的治气"九字诀"，并以"一张蓝图干到底"的精神，扎实推进大气治污各项工作，使广州的大气环境持续改善。2018年，为了减少汽车尾气，广州加速更换电动公交车，全市投入上百亿元，实现了全市公交车100%纯电动化，其中，新建充电桩4353个、投入纯电动公交车11 225辆。公交电动化带来的影响是，广州一年可减少约2万吨的氮氧化物，削减了全市氮氧化物排放总量的10%。2019年，全省21个地级以上市PM2.5首次全部达标，PM2.5平均浓度下降到27微克/立方米，为历史最低。

（2）广东在大气污染防治中坚持科学防治

第一阶段重点防控PM2.5，从2010年到2015年，甚至到2018年，国家基本上着眼于控制PM2.5、PM10，即以颗粒物、细颗粒物防控为主。后来臭氧逐渐成为大气改善的难点，2018年，广东提出要从以PM2.5防控均浓度32微克/立方米的目标，转向以臭氧防控从全国大气防治原有三大重点区域"退出"。2019年7月23日，"大暑"节气，广东多地出现大彩虹。2020年6月、9月，广东更是多地出现双彩虹美景。2020年9月24日傍晚，广州市区连续两天双彩虹当空舞。2020年，广东空气质量优良率达到95.5%，创近年来最好水平。2020年，广东省的空气质量优良天数比率（AQI）不达标可用天数为345城次，仅余124城次（平均每市只有6天），主要污染因子为近地面的臭氧（O_3）。监测数据显示，广东省O_3浓度从2015年的126微克/立方米逐年攀升到2019年的158微克/立方米，无限接近国家二级标准限值（160微克/立方米），总升幅达25.4%。截至2020年9月21日，广东的O_3污染天数占总大气污染天数比重达92.0%，广州、河源、梅州、阳江、清远等5市O_3浓度均有所上升，尤以广州的O_3浓度（159微克/立方米）为全省最高，无限接近国家二级标准限值（160微克/立方米）。

2020年，广东省人民政府办公厅印发的《关于深化我省环境影响评价制度改革的指导意见》指出，全省的PM2.5平均浓度优于世界卫生组织第二阶段标准，为22微克/立方米，创2014年有监测数据以来历史最低值。2020年，广东省碳排放配额累计成交量连续七年稳居全国第一，全年成交1.72亿吨，累计成交金额35.61亿元。

2021年，广东全省的空气质量优良天数比率为94.3%，PM2.5平均浓度降至21.7微克/立方米，稳定达到国家二级标准和世界卫生组织第二阶段标准，成功转入以臭氧防控为中心的攻关模式，构建大气污染防治先行示范区。

2022年，惠州、深圳、珠海、中山、肇庆5个城市空气质量位居全国168个重点城市前20，全省PM2.5平均浓度降至20微克/立方米，珠三角PM2.5平均浓度在全国"三大经济圈"中率先进入"1字头"（19微克/立方米）。

（3）臭氧污染防治

《广东省臭氧污染防治（氮氧化物和挥发性有机物协同减排）实施方案（2023—2025年）》聚焦氮氧化物（NOx）和挥发性有机物（VOCs）协同减排，强化多污染物协同控制和区域联防联控，在钢铁、水泥、玻璃、铝压延及钢压延加工业、石化与化工等重点行业开展共计12 600余项减排项目，加大VOCs和NOx减排力度。以广州、深圳、珠海、佛山、惠州、东莞、中山、江门、肇庆及清远为省大气污染防治的重点城市，其他城市在省统一指导下开展区域联防联控。

明确提出保障措施，以确保臭氧污染防控措施顺利实施、落实到位、取得实效。其一，强化重点任务。一是开展大气减污降碳协同增效行动：推动"绿岛"项目建设，配套建设适宜高效VOCs治理设施；加快能源绿色低碳转型；持续推动清洁低碳交通转型。二是开展大气污染治理减排行动：推进重点工业领域深度治理，全面开展涉VOCs储罐排查整治，以及加快完成已发现涉VOCs问题整治；完善基于环境绩效的分级管控制度；清理整治低效治理设施；强化移动源污染排放控制，加强对新生产机动车、非道路移动机械大气污染物排放状况、环保信息公开情况的监督检查；以及提升面源精细化管控水平。

其二，完善配套措施。加快修订完善行业、区域差异化大气污染物排放标准，充分发掘减排潜力。研究实施减排奖补政策，探索建立排污权交易机制，探索通过正向激励的方式引导和鼓励地市推进政策实施。各地级以上市应充分利用中央和省财政专项资金，积极谋划大气污染防治项目申报入库，如进一步摸清大气污染物排放底数，加强涉气污染源规范化管理，完善信息化工作。

其三，强化执法监管。一是强化责任。各地级以上市要认真落实大气污染防治"党政同责、一岗双责"要求，实行项目化、清单化、台账式管理，落实国家减排相关税收政策，研究实施配套经济政策、绿色金融等相关支持措施，培育一批"领跑者"，带动提升行业环保水平。二是强化监管。未来将通过在线监测、远程执法抽查等"非现场"手段加强治理设施运行情况的执法检查，利用走航监测、无人机飞检等手段对污染源集中区域的VOCs、NOx、颗粒物等污染物排放水平进行巡检及排查溯源解决问题，利用卫星遥感、视频监控、无人机等先进技术开展露天焚烧全方位、全天候监控。同时，定期组织储油库、加油站和油罐车油气回收装置安装运行情况抽查抽检。三是强化监控。加强涉气工业园区、集聚区环境治理监测监控，依托现有的、新建的自动环境监测设备，对工业园区、集聚区及周边区域的大气环境治理等加强监测监控预警，建立信息通报机制，及时报告环境质量超标、异常或明显下降等情况。同时，鼓励石化和化工企业高架火炬安装热值仪对火炬气热值进行连续监测，安装流量计对火炬气、调整热值用燃料气等进行监测。

第三章

生态文明建设示范广东使命

2020年10月，习近平总书记在广东考察时强调，"要坚决贯彻党中央战略部署，坚持新发展理念，坚持高质量发展，进一步解放思想、大胆创新、真抓实干、奋发进取，以更大魄力、在更高起点上推进改革开放，在推进粤港澳大湾区建设、推动更高水平对外开放、推动形成现代化经济体系、加强精神文明建设、抓好生态文明建设、保障和改善民生等方面展现新的更大作为，努力在全面建设社会主义现代化国家新征程中走在全国前列、创造新的辉煌"。到2035年，广东省的发展目标是：基本形成人与自然和谐共生格局，绿色生产生活方式总体形成，碳排放率先达峰后稳中有降，生态环境质量根本好转，基本建成美丽广东。生态文明建设走在全国前列，在全面建设社会主义现代化国家新征程中走在全国前列、创造新的辉煌。

一、国家低碳省试点建设

（一）绿色低碳试点

2015年10月26日，在《关于〈中共中央关于制定国民经济和社会发展第十三个五年规划的建议〉的说明》中，习近平总书记指出："生态环境特别是大气、水、土壤污染严重，已成为全面建成小康社会的突出短板。扭转环境恶化、提高环境质量是广大人民群众的热切期盼，是'十三五'时期必须高度重视并切实推进的一项重要工作。"①从20世纪70年代开始，随着我国资源消耗速度的增加以及人口规模的扩大，我

---

① 习近平：《关于〈中共中央关于制定国民经济和社会发展第十三个五年规划的建议〉的说明》，新华网，2015年11月3日。

国的生态环境出现了一定程度上的恶化。以牺牲资源为代价的快速经济发展让我国的生态环境受到了较大影响，环境污染、物种消亡等事件不断发生。就广东而言，改革开放以来粗放型的经济增长让广东的资源跟不上消耗的速度，外延式的城市建设也让生态环境遭到了一定程度上的破坏，资源、环境问题日益突出。

1. 低碳试点城市

2010年，广东省成为国家首批低碳试点省份，深圳市和广州市亦先后被确定为全国低碳试点城市。2011年10月，深圳光明新区被评为全国低冲击开发雨水综合利用示范区，2013年获评首批国家绿色生态示范城区。此外，2012年国家发改委批复同意了《广东省低碳试点工作实施方案》，这一方案成为首个获国家发改委正式批复的低碳试点工作实施方案。在开展低碳试点工作过程中，广东采取了"因地制宜"的原则，深入开展低碳市县、园区、社区试点，探索不同地区、不同发展阶段的低碳发展路径。除深圳、广州和中山先后成为第一、二、三批国家低碳城市试点外，珠三角的多个城市、城镇也相继进入了国家低碳城镇试点和广东省低碳市县试点名单。2017年广东在珠三角推出近零碳排放示范区试点，这是"低碳示范"的升级版，也是广东省"碳中和"在局部范围内的尝试。此外，广东还开展了碳标签以及CCUS（二氧化碳捕集利用为封存）等领域的各细项的试点工程建设。2023年生态环境部发布了《国家低碳城市试点工作进展评估报告》，广东省深圳市、广州市获评国家低碳城市试点优秀城市。

2. 国家低碳省试点

2010年11月，广东正式启动国家低碳省试点工作。按照国家"十二五"（2011至2015年）规划的节能降碳目标来看，广东任务并不轻。要在五年内实现单位GDP能耗下降18%、二氧化碳排放强度降低19.5%。和很多省份一样，此前广东部署节能减排的达标任务，大多采用行政主导、问责推动的减排机制。尽管取得阶段性成效，但广东要在"十二五"期末全面实现节能减排目标，任务依然繁重艰巨。到2015年，广东全省非化石能源占一次性能源消费的比重达到20%，单位生产总值二氧化碳排放比2010年降低19.5%。到2020年，努力实现全省单位生产总值二氧化碳排放比2005年降低45%以上。对此，广东省政府将19.5%的"十二五"碳强度下降指标分解到21个地级以上市。对低碳试点城市、县（区）的工作要求有五个方面：一要编制低碳发展规划，二要探索创新体制机制，三要建立健全工作体系，四要制定完善配套政策，五要积极倡导低碳生产、生活方式。截至2022年底，全省碳排放配额累计成交量2.14亿吨，成交金额56.4亿元，均居全国区域碳市场试点首位。

3. 碳交易市场试点

广东碳排放权交易试点于2012年在全国率先启动建设，2013年12月正式开始运行。2013年12月17日，广东省政府常务会议通过了《广东省碳排放管理试行办法》（以下简称《试行办法》）。《试行办法》总则的第一条，开宗明义地表示为实现温室气体排放控制目标，要"发挥市场机制作用，规范碳排放管理活动"。12月19日广东省碳排放权交易所红火开市。广东省碳交易市场（不含深圳特区）的启动和《试行办法》的出台，意味着市场经济本就发达活跃的广东，再次发挥市场配置机制这只"无形的手"：在全国首度试点碳排放权配额免费和竞价发放相结合制度，率先引入竞拍制，有偿拍卖碳排放权配额。不到一年，又将竞拍所得与碳金融工具结合起来，形成对低碳项目投融资的碳基金。2019年广东碳市场年度排放配额总量达4亿吨左右，配额规模排名全国第一、全球第三（仅次于欧盟、韩国碳市场）。经过6年多的不断探索，广东逐步将占全省碳排放约65%的钢铁、石化、电力、水泥、航空、造纸等六大行业约242家企业纳入碳市场范围，交易量及交易额均居全国7个试点碳市场首位。

2020年12月25日，由生态环境部部务会议审议通过的《碳排放权交易管理办法（试行）》自2021年2月1日起施行，全国碳排放权交易市场同日启动。作为七个试点之一，毫无疑问，广东碳排放权交易市场总体规模已居全国第一、全球第三，形成"广东样本"。2019年5月，以往由省发改委负责的碳普惠核证减排量（PHCER）的备案申请改由广东省生态环境厅负责。《广东省林业碳汇碳普惠方法学（2019年修订版）》鼓励在全省生态保护区、贫穷地区等地积极开展包含农林业PHCER在内的有关工作，积极倡导广东碳排放管理以及交易控排企业和其他相关单位购买地方的PHCER。从整体来看，成交价格不断上涨。截至2022年2月23日，广东碳普惠的交易价格已经达到31.13元/吨，仅次于广州的碳配额价格，且远超CCER（中国核证自愿减排量）的价格。

广东省坚决落实党中央、国务院决策部署，围绕实现省第十三次党代会关于"打造美丽中国的广东样板"目标积极作为，自觉把生态环保工作融入全省经济社会发展大局中统筹谋划。在碳排放交易方面，截至2020年，广东省碳排放配额累计成交量1.69亿吨，累计成交金额34.89亿元，占全国碳交易试点的38%，继续位居全国第一。广东省超额完成国家下达的碳强度目标，十年累计下降超44%。其中，"十三五"前四年广东省碳强度累计下降20.1%，接近完成国家下达的下降20.5%的目标。作为全省首个试点家用太阳能光伏系统的社区，广东省中山市福兴新村目前已有25户家庭安装了太阳能光伏发电系统，用户占比达20%，年发电量约8.5万度，减少二氧化碳约44吨/年。

"十三五"以来，广东省持续开展广东碳标签机制建立及粤港互认机制研究工作，制定管理制度和多项地方标准、技术规范，选取典型产品开展试点评价。2016年，粤港两地技术机构在两地政府部门见证下，签署了关于开展碳标签合作的谅解备忘录。2022年1月，广东碳标签专业委员会成立，6月28日广东碳标签正式发布。2023年4月，广东碳标签专委会与香港中华厂商联合会签订《关于共同合作开展粤港碳标签互认合作的谅解备忘录》。

基于广东碳市场的实践经验，广东省积极探索构建服务于"一带一路"自愿减排的气候投融资国际合作与交流平台，探索开展自愿减排量跨境交易。在气候投融资试点工作方案基础上，遴选了23个地方入选气候投融资试点，包括12个市、4个区、7个国家级新区，其中包括广东省南沙新区、深圳市福田区。

4. 碳普惠试点

碳普惠制是探索鼓励绿色低碳生产生活方式的普惠性工作机制的简称，是指为小微企业、社区家庭和个人的节能减碳行为进行具体量化和赋予一定价值，并建立起以商业激励、政策鼓励和核证减排量交易相结合的正向引导机制。2015年7月出台的碳普惠试点，首创"公众低碳激励机制"，激励市民和中小企业履行低碳行为从而获得收益，在世界上也尚未找到类似先例。按照"谁减排、谁受益"的原则，将减排行为量化后形成优惠，再普及给公众。碳普惠试点创新，甚至还扩展到扶贫行动中来。以碳排放权抵消为特色的市场化生态补偿机制，允许贫困地区、革命老区、民族地区和生态发展区的林业碳汇、分布式光伏类等碳普惠减排项目引入碳排放权交易市场，为全省精准扶贫、生态扶贫提供了有效的补充手段。目前国内已有超过11个省、35个地级市实施碳普惠制。

在国内碳排放权交易市场处于初级阶段，碳排放配额发放以无偿为主、有偿为辅的大环境下，广东省这种重点运用基于总量控制又以激励为主的碳排放权交易方式，极大地激活了广东碳排放交易市场和企业减排动力，成为广东实现节能减排的重要路径。

2010年11月，广东省成为全国首批低碳试点省份。随后，广东省被列为全国7个碳排放交易试点之一。广东在全省范围内建立了碳排放配额有偿分配机制，采取"资源稀缺、使用有价"的原则，开始实施配额免费和有偿发放机制相结合的试点工作。2013年，广东全省企业碳排放免费配额比例高达97%；2014年，省内的电力企业碳排放免费配额比例为95%。这样一来，使相关企业既能获得免费的碳排放配额，又能够以实际行动承担一定的减排压力。自从广东碳排放市场运作以来，全省超80%的控排企业开展了节能减碳的项目技术改造，超60%的控排企业的碳排放强度下降。其中，电力企业碳排放量下降了11.8%，水泥企业碳排放量下降了7.1%，钢铁企业碳排放量下降了12.7%，造纸企业碳排放量下降了15.9%，民航行业单位产品碳排放量下降了5.4%。"十二五"期间，广东省碳强度累计下降23.9%，超额完成国家下达的下降19.5%的目标。"十三五"期间下降22.35%，超额完成国家下达的下降20.5%的目标。以约5%的碳排放和7%的能耗占比支撑了全国约11%的经济总量。

"十四五"期间，广东省将抓紧制定碳排放达峰行动方案，推进有条件的地区或行业率先实现碳排放达峰。从广东省目前控碳减排的成效发展的趋势来看，广东省能在2030年前实现碳达峰目标。

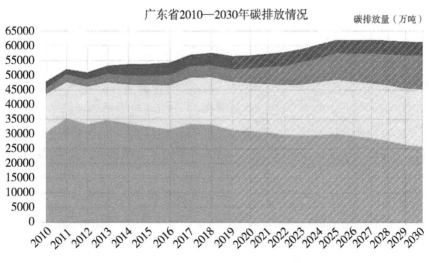

广东省2010—2030年碳排放情况　　碳排放量（万吨）

■煤炭消费碳排放　■石油消费碳排放　■天然气消费碳排放　■省外输入电碳排放

　　林业碳汇是指通过市场化手段参与林业资源交易，从而产生额外的经济价值，包括森林经营性碳汇和造林碳汇两个方面。森林经营性碳汇针对的是现有森林，通过森林经营手段促进林木生长，增加碳汇。造林碳汇项目由政府、部门、企业和林权主体合作开发，政府主要发挥牵头和引导作用，林草部门负责项目开发的组织工作，项目企业承担碳汇计量、核签、上市等工作，林权主体是收益的一方，有需求的温室气体排放企业实施购买碳汇。2018年，广东共成交了6项林业碳汇项目，包括5个林场碳普惠项目、1个贫困县林业碳普惠项目。贫困县林业碳普惠项目的成交量比林场碳普惠项目体量大得多，它约等于10个林场碳普惠项目总成交量（312 634吨）；2018年，广东省政府批准了约3万亩林地的梯面林场碳普惠项目，使其成为广州第一个依托碳普惠开发的碳汇林。2019—2021年，广东连续3年都有贫困村林业碳普惠项目落地。在开展林业碳普惠试点过程中，广东省通过将林业碳普惠交易平台与碳排放权交易平台相衔接，实现了林业碳普惠核证减排量与省内控排企业碳排放量配额的相互抵消，形成了高排放、高耗能地区对经济欠发达地区（具备生态资源优势）的市场化补偿机制。同时，广东省还积极探索非控排企业及个人购买林业碳汇在碳普惠交易平台的交易方式，并号召广大群众以购买碳汇或捐资造林的方式去实现对贫困山区的市场补偿，进而与公益相对接。

　　广东上线了全国首个城市碳普惠平台，民众弘扬绿色出行、节水节电等低碳行为，不仅可以获得碳币、兑换商品，而且在经过核证后部分碳减排量还能够到广州碳排放交易所交易变现，使碳普惠制度让更多的广东民众在日常生活中受益。

　　广东始终坚持八字方针"降碳、减污、扩绿、增长"协同推进，做到五个精准，即"问题、时间、区位、对象、措施"五个精准。2014年，作为省级低碳产业园区试点，广东状元谷电子商务产业园开展了

"低碳生产、节约资源、方便你我他"的活动。2015年，广东5个市县开展了省级低碳社区试点，包括中山小榄北区社区等5个市县。2016年，广东省在广州等6个城市开展了碳普惠试点，对碳普惠制项目的减排量进行了明确，可用于广东省碳排放权交易抵消机制及大型活动的碳中和。2018年起，汕头等5个区域陆续开展近零碳排放区示范工程试点。韶关、梅州两市开展市县温室气体清单编制试点，并已编制相关指南。

2022年，广东省人均GDP已达到1.5万美元，而广东老百姓对优质生态环境以及相关服务的需求比全国更高、变化更快。对此，广东应该把解决全省人民群众关心的突出环境问题作为生态文明建设的重点，才能获得人民群众的支持与帮助。而相关的机制体制创新则是改革开放以来广东引领全国走在发展前列的重要秘诀，也是创造广东经济奇迹的重要法宝。

节能家电、绿色食品、低碳陶瓷……自"十二五"期间就开始布局的电子信息、生物制药、新能源、新材料等产业，至今广东共发布了20个战略性产业集群行动计划，初步形成了以战略性新兴产业为先导、先进制造业和现代服务业为主体的产业结构。广东超额完成了国家下达的碳强度目标，10年里累计下降超44%；广东单位GDP能耗全国第二低位，单位工业增加值能耗全国第一低位。

广东要实现"四个走在全国前列"、当好"两个重要窗口"，就必须在生态文明建设方面花大力气、锐意进取，以机制体制改革和建设作为生态文明建设的突破口来解决人民对生态环境的需求，才能达到社会预期，巩固现有生态文明建设成果，彰显生态文明治理优势，突出示范效应。据统计，截至2022年，广东碳排放配额总量超4亿吨，碳排放权交易市场规模巨大且非常活跃，长期位列全国第一，仅次于欧盟和韩国，排名全球第三。据了解，那些参与碳排放权交易的企业在实现了减排目标的同时，又推动了生产方式转换，使企业自身的竞争力和抗风险能力得到大幅度提高。

（二）建立绿色低碳循环发展经济体系

根据《国务院关于加快建立健全绿色低碳循环发展经济体系的指导意见》国发〔2021〕4号精神，重点解决生态文明建设发展不平衡、生态治理不深入不充分两大问题，广东省编制《广东省生态文明建设"十四五"规划》《广东省人民政府关于加快建立健全绿色低碳循环发展经济体系的实施意见》，全方位全过程推行绿色规划、绿色设计、绿色投资、绿色建设、绿色生产、绿色流通、绿色生活、绿色消费；同时研究制定《关于进一步加强塑料污染治理的实施意见》《广东省建立健全生态产品价值实现机制的实施方案》等文件。为大力促进产业迈向全球价值链高端，广东省建立了覆盖20个战略性产业集群的"链长制"。

大力推行清洁生产，加快发展循环经济，加强资源综合利用，深入推进绿色制造体系建设。通过碳市场中灵活的市场机制，广东逐步将占全省碳排放近70%的钢铁、石化、电力、水泥、航空、造纸等六大行业约250家控排企业纳入碳市场范围，覆盖全省约70%的能源碳排放量。

稳步提高能源清洁化水平。如推动海上风电实现跨越式发展，积极发展光伏发电。2021年广东全省新增海上风电装机549万千瓦、新增光伏装机225万千瓦。推动大宗货物和中长途货运"公转铁""公转水"；大力推广新能源汽车，2021年全省推广新能源汽车超27万辆；加快打造低碳交通基础设施网络，累计建成电动汽车充电站4100座、公共充电桩17.3万个。

1. 实施绿色发展，促进工业固体废物资源的循环利用

其一，实施工业绿色发展。号召企业在生产过程中进行生命周期全程绿色管理，将绿色理念融入工业生产全过程，持续深化绿色生产与

制造。鼓励工业园区实施绿色生态园区、绿色示范园区创建,推广绿色循环园区改造,大力进行"无废园区"建设。在相关重点行业开展固体废物减少化与资源优化为重点的绿色无烟、清洁生产等技术,对工业清洁生产加强审核。其二,加快工业固体废物的循环利用。强化工业固体废物的综合与再回收利用,推动国家鼓励的循环经济技术、工艺和设备到广东使用。重点关注粉煤灰、尾矿、炉渣、冶炼废渣等主要量大的工业固体废弃物,推广工业固体废物综合利用的先进范例。完善可再生资源行业制度体系建设,推广固体废弃物的再生利用的方式方法,促进循环经济的发展。大力推广绿色开采,实施采矿填充同步技术,做好矿业固体废物的治理。2021年,广东全省开始大力推进绿色矿山建设,按照"应建必建"原则,限期建成绿色矿山,大力建设绿色建筑。

2. 推行绿色生活方式,强化生活垃圾分类与再回收利用

其一,推广绿色生活理念。增强绿色生活方式的宣传与引导,大力提倡简约适度、绿色低碳的生活方式,开展生活垃圾分类,从源头上引导生活垃圾回收利用。在服务性行业,推行可循环利用物品,尤其是在餐饮、宾馆等行业。加快无纸化办公速度,加快绿色商场建设,打造一批应用节能技术、销售绿色产品、提供绿色服务的绿色流通主体。倡导"光盘行动",践行厉行节约理念。

其二,推动生活垃圾分类投放。建立健全生活垃圾分类规章制度,构筑起垃圾分类投放、分类收集、分类运输与分类回收的一体化处置机制。

3. 实施绿色农业生产,加强农村生态环境治理

其一,实施绿色农业生产。在养殖场,逐步推广种养循环发展机制。在大型肉牛、猪、羊和家禽等养殖场,推广固体粪便堆肥技术、粪便垫料回收利用和水肥一体化施用技术。花大力气让广大农民懂得综合

利用禽粪污，开展"果沼畜""菜沼畜""茶沼畜"等生态农业技术模式。

其二，做好农业废弃物循环利用。建立健全政府引导、市场核心、企业主体、农户参与的农村农业废弃物循环利用体系。按照"谁生产、谁回收"的原则，强化地膜生产者的责任延伸制度。此外，依照"谁购买谁交回、谁销售谁收集"原则，支持供销社发挥农资物供应主渠道作用。

4. 提升固体废物收集处置能力

对区域内有危险的固体废物、生活垃圾、建筑垃圾等情况进行摸底排查，着力构建固体废物的收集、中转、贮存网络，对社会源危险废物，必须妥善处理，并建立规章制度，开展固体废物无害化处理，对生活垃圾填埋场、焚烧厂等进行提升改造。争取到2023年底，广东全省"无废试验区"能够实现原生生活垃圾"零填埋"与100%处理。

5. 提升固体废物回收利用精细化管理能力

其一，完善固体废物标准化管理体系。对工业固体废物进行分类贮存，对工业固体废物进行分类与登记，要求企业做好固体废物产生种类、属性、数量、去向等信息填报。对固体废物进行随机检查，做好固体废物规范化管理，强化事中事后监管。此外，广东省生态环境厅等将固体废物产生、利用处置情况纳入到企业环境信用评价标准之中。

其二，完善危险废物风险管控体系。实施危险废物电子转移联单制度，强化危险废物的道路运输安全，提升各种风险防控水平。按照《医疗废物管理条例》，强化医疗废物集中收集、集中处置。对危险化学品生产和储存进行严格管控，完善遗弃、过期、失效农药及农药废弃包装物回收和集中处置体系，加强各种突发事件的应急处置能力建设。

其三，建立无废试验区协同机制。建立无废试验区共建共享体系，强化无废试验区的执法联动工作机制，强化区域执法监察，采取多种方式对固体废物进行专项监督与检查，依法打击相关违法行为。探索建立无废试验区海上环卫制度，强化海上垃圾预警与处理，针对海上倾倒固体废弃物行为进行依法打击。

6. 依靠技术进步，推动废物循环利用与回收

其一，加强技术研发应用。对固体废物资源化利用关键技术进行重点资助，吸引国内外顶尖技术和优秀人才，对固体废物污染防治的新技术、新产品、新工艺、新材料等，加速对其成果向市场转化，打造一批能够解决固体废物的关键技术、关键企业。

其二，线上线下联动，推动相关产业发展。打造一批固体废物资源循环利用的骨干企业。支持建立在线交易平台，联动线上与线下，强化废物资源的回收与相关技术有机结合。推动试点城市在不增加隐性债务前提下，探索政府和社会资本合作（PPP）的固体废物资源循环利用模式。

其三，强化产业扶持与帮助。对那些以大宗工业固体废物等为原料的企业，大力进行扶持，并在政府相关产品与服务采购过程中优先考虑。加大对畜禽粪污和秸秆相关有机肥的技术使用力度，同时强化对使用配方肥和全生物降解农膜、秸秆直接还田的相关行为的补贴与帮扶，使广东农业发展实现绿色、高效。

国家从1984年开始鼓励生态农业试验，在全国大部分省、市、自治区开展了生态农业试点，试点总数达2000多个，试点规模不断由生态户、生态村向生态乡和生态县扩大。20世纪90年代后，国家加紧制定生态农业的法规，如农业生态环境保护条例、农业生态系统珍稀濒危物种名录和保护办法、农业生态系统有益生物和病虫害天敌保护办法等。继《全国农业环境监测工作条例（试行）》发布后，农业部于1991年又颁发《农业环境监测报告制度》，其内容间接地影响了农业系统生物多样性的保护。它规定了农业环境例行监测报告制度和农业环境污染事故报

告制度。可见，党中央、国务院一直以来都高度重视农业绿色发展。

习近平总书记多次强调，推进农业绿色发展是农业发展观的一场深刻革命。在贯彻落实党中央决策部署过程中，相关部门要坚持把绿色发展摆在突出位置，加速农业生产方式的转变。全国农业发展必须摆脱过去主要依靠拼资源拼消耗的模式，并转到可持续发展上来，为建立质量兴农、产业兴农、绿色兴农的新格局打下坚实基础。

一是强化政策支持。以中共中央办公厅、国务院办公厅印发的《关于创新体制机制推进农业绿色发展的意见》为指导，完善各种资源节约利用政策，建立与耕地地力提升和责任落实相挂钩的耕地地力保护补贴机制，完善农业生态补偿政策，将农业绿色发展与金融、用地、用电等相挂钩，号召大家实施绿色发展。

二是大力运用新技术。强化对农业污染防治相关研究，对关键技术要形成规模，集中示范，形成效果。针对化肥农药减量增效、畜禽养殖废弃物处理技术，强化产学研企各方协作，重点解决农业污染防治面临的相关技术难题。

三是加强监测评估。近年来，我国已在全国范围内组建了农业生态环境监测"一张网"，超4万个耕地土壤环境质量站部署在全国，并且部署了农田氮磷流失、农膜残留、秸秆资源国控监测点分别达240个、500个、280个，为及时掌握我国农业生态环境的变化，提供了科学精准的信息。

（三）国家环境保护模范城市

2012年12月11日，习近平总书记来到广州市越秀区东濠涌，听取广州治水和城市建设情况汇报，并指出："东濠涌以及遍布广东各地的绿道，都是美丽中国、永续发展的局部细节。如果方方面面都把这些细节做好，美丽中国的宏伟蓝图就能实现。"城市是人类文明的体现，全世界有一半以上的人口居住在城市之中，当下中国各地新城建设如火如荼，提倡宜居城市恰如其分。

1. 城市更宜居

宜居城市建设是城市发展到后工业化阶段的产物，是指宜居性比较强的城市，是具有良好的居住和空间环境、人文社会环境、生态与自然环境和清洁高效的生产环境的居住地。1996年，联合国第二次人居大会提出了城市应当是适宜居住的人类居住地的概念。此概念一经提出就在国际社会形成了广泛共识，成为21世纪新的城市观。2005年，在国务院批复的《北京城市总体规划》中首次出现"宜居城市"概念。宜居城市评价，指对城市适宜居住程度的综合评价，如环境优美、社会安全、文明进步、生活舒适、经济和谐、美誉度高等。在宜居城乡创建活动方面，2013年广东全省共创建925个宜居社区、53个宜居示范城镇、142个宜居示范村庄。

广州是一座傍水而生的城市。东濠涌是流经市中心城区的一条南北向的河涌，由于快速城市化过程中忽视污水处理，一度成为臭水沟。2009年3月启动综合整治工程后，河涌水质清澈见底，两岸绿树常青。之后，广州加快推进东濠涌二期综合整治工程，通过控源截污、揭盖复涌、堤岸建设、道路整治等措施，综合整治东风路至麓湖长2.62公里的雨污合流暗渠。经过整治，东濠涌岭南水乡的风貌更加浓郁，成为大都市中人与自然和谐共生的一道亮丽的生态景观。2017年，东濠涌流域水环境治理项目荣获广东省宜居环境范例奖，成为广州市的治水典范，惠及河涌周边24.6万居民。

城市是一本打开的书，从中可以看出其格局和胸襟。为呈现风景如画，一幅天蓝、水清、地绿、宜居的美好城市画面，广东以"公园城市""海绵城市"为目标，以工匠精神锻造城市，以绣花功夫管理城市，持续优化城市功能，提升城市品质，提标城市服务，做优城市生态，扮靓城市环境，着力打造宜居宜业宜学宜游的现代化美丽城市、精致城市。

随着20世纪90年代以来珠三角地区经济起飞，茅洲河两岸企业、人口爆发式增长，这条流经深圳市和东莞市、长约42公里的河流水质逐渐恶化，氨氮、总磷等指标超过地表水Ⅴ类水质标准十几倍，被媒体称作"珠三角污染最重的河"。2013—2014年，广东省对广佛交界河流污染问题实施挂牌督办，但在水质继续恶化的情况下又解除省级挂牌，工作流于形式。2016年，广东全省69条主要河流124个监测断面水质达标率为77.4%，比2013年下降了近8个百分点。《粤港澳大湾区发展规划纲要》正式发布以来，广州积极对标世界一流湾区，努力推进珠三角都市圈内部全方位的合作，并与粤东西北地市建立了一系列以流域为基础的合作机制，并与福建、江西、湖南、广西等省（区）不断开展的跨界流域的污染治理合作。在与广西、福建、江西等邻近省（区）签订了跨界河流生态补偿协议之后，广东的跨省界河流水质不断向好。通过与这些区域的合作，广东不仅破解了跨界污染治理的难题，而且还为广东自身生态安全乃至整个粤港澳大湾区的生态安全增添了诸多屏障。

2. 环保模范城市

自《国家环境保护"九五"计划和2010年远景目标》提出以来，广东省已有多个地级市获得了"国家环境保护模范城市"称号。如深圳市（1997年）、珠海市（1997年）、中山市（1998年）、汕头市（1999年）、惠州市（2002年）、江门市（2004年）、肇庆市（2006年）、广州市（2007年）、东莞市（2011年）等。

为了进一步加强城市环境保护建设，环境保护部组织制订了《国家环境保护模范城市创建与管理工作办法》，缔造社会文明昌盛、经济健康快速发展、生态良性循环、资源合理利用、环境质量良好、城市优美洁净、基础设施健全、生活舒适便捷的宜居城市。考核指标包括经济社会、环境质量、环境建设、环境管理等方面；其涵盖了社会、经济、环境、城建、卫生、园林等方面的内容，共26项创模指标。

国家环境保护模范城市称号有效期为5年。未按期完成国家和省（区）人民政府下达的主要污染物总量削减任务，或者城市市域内发生重、特大环境污染和生态破坏事件，有重大违反环保法律法规的案件，或者环境质量明显下降或者环境质量监测数据不通过环境保护部组织的质量认定，且达不到指标要求的，将被立即撤销国家环保模范城市称号。

3. 新型城市建设

2020年10月，习近平总书记在潮州视察时作出一系列重要指示，希望潮州广大干部群众抓住机遇，乘势而上，起而行之，把潮州建设得更加美丽。[①]潮州正加快构建智慧体系，迈步向前，全力统筹推进经济发展与社会治理能力现代化，努力把潮州建设得更加美丽。以信息化、数字化、智能化推动智慧型城市从"1.0"向"4.0"飞跃，全力打造中小城市智慧建设的典范和样板。潮州市委、市政府审议通过《潮州市贯彻落实〈广东省推进新型基础设施建设三年实施方案（2020—2022年）〉工作方案》《潮州市智慧城市五年规划（2021—2025年）》，明确将以"特精融"三类应用为抓手，覆盖智慧能源、智慧交通、智慧城市、智慧物流、智慧医疗、智慧教育、智慧农业、智慧水利、智慧环保和智慧应急等领域，努力实现城市四大转变，即政务服务由分散被动向融合主动转变、政府运行由独立分散向协同共治转变、市域治理由经验化向智慧化转变、产业发展由被动支撑向主动赋能转变。到2022年，潮州新建和更新55个路口的电子警察，在潮州大道等路段建设30套可变车道，提高信号路口的车辆通过率。

2013年11月25日，广东省人民政府、住房和城乡建设部签订《关于

---

① 《习近平在广东考察时强调　以更大魄力在更高起点上推进改革开放　在全面建设社会主义现代化国家新征程中走在全国前列创造新的辉煌》，新华网，2020年10月15日。

共建低碳生态城市建设示范省合作框架协议》《推动粤东西北地区地级市中心城区扩容提质工作方案》，将低碳生态城市建设作为粤东西北地区地级市中心城区扩容提质的重要抓手。

一些新区、新城在规划设计中也引入了低碳发展理念，提出了行动计划，但相对局限在城市规划建设领域，还未形成有关部门共同参与、合力推进工作的局面。由于缺乏指标导向、管理规程等配套措施，低碳生态城市的先进理念和强制要求难以在城市开发建设中得到有效落实和监管。《国家新型城镇化规划（2014—2020年）》指出，根据资源环境承载能力构建科学合理的城镇化宏观布局，严格控制特大城市人口规模，增强中小城市产业承接能力，促进大中小城市和小城镇协调发展。尊重自然格局，依托现有山水脉络、气象条件等，合理布局城镇各类空间，减少对自然的干扰和损害。保护自然景观，传承历史文化，提倡城镇形态多样性，保持特色风貌，防止千城一面。广东省住房城乡建设厅联合省发展改革委组织编制的《广东省新型城镇化规划（2014-2020年）》，也明确将"生态文明、绿色低碳"作为广东新型城镇化发展的重要目标之一，并将低碳生态城市建设作为专门章节，进一步明确了加快推进示范省建设的任务要求。科学确定城镇开发强度，提高城镇土地利用效率、建成区人口密度，划定城镇开发边界，从严供给城市建设用地，推动城镇化发展由外延扩张式向内涵提升式转变。严格新城、新区设立条件和程序。强化城镇化过程中的节能理念，大力发展绿色建筑和低碳、便捷的交通体系，推进绿色生态城区建设，提高城镇供排水、防涝、雨水收集利用、供热、供气、环境等基础设施建设水平。所有县城和重点镇都要具备污水、垃圾处理能力，提高建设、运行、管理水平。加强城乡规划"三区四线"（禁建区、限建区和适建区，绿线、蓝线、紫线和黄线）管理，维护城乡规划的权威性、严肃性，杜绝大拆大建。

二、广东"无废城市"建设

习近平总书记指出："实行能源和水资源消耗、建设用地等总量和强度双控行动，就是一项硬措施。这就是说，既要控制总量，也要控制单位国内生产总值能源消耗、建设用地的强度。这项工作做好了，既能节约能源和水土资源，从源头上减少污染物排放，也能倒逼经济发展方式转变，提高我国经济发展绿色水平。"[①]《中共中央关于制定国民经济和社会发展第十三个五年规划的建议》指出，要从促进人与自然和谐共生、加快建设主体功能区、推动低碳循环发展、全面节约和高效利用资源、加大环境治理力度、筑牢生态安全屏障六个方面展开着力改善生态环境。为了履行《生物多样性公约》，国家环保总局、农业部、国家林业局、国家海洋局、建设部、国家中医药管理局等部门积极努力，为保护和持续利用生物多样性制定本部门的政策、法规、行动计划和方案，并在实施方面取得明显进展。

"无废城市"是以创新、协调、绿色、开放、共享的新发展理念为引领，通过推动形成绿色发展方式和生活方式，持续推进固体废物源头减量和资源化利用，最大限度减少填埋量，将固体废物环境影响降至最低的城市发展模式。"无废城市"并不是没有固体废物产生，也不意味着固体废物能完全资源化利用，而是一种先进的城市管理理念，旨在最终实现整个城市固体废物产生量最小、资源化利用充分、处置安全的目标。2017年，中国工程院杜祥琬院士牵头提出《关于通过"无废城市"试点推动固体废物资源化利用，建设"无废社会"的建议》认为，我国未来将从"无废城市"试点逐步过渡到"无废社会"。巴塞尔公约亚太区域中心对全球45个国家和区域的固体废物管理碳减排潜力相关数据分

---

① 习近平：《关于〈中共中央关于制定国民经济和社会发展第十三个五年规划的建议〉的说明》，新华网，2015年11月3日。

析显示，通过提升城市、工业、农业和建筑等4类固体废物的全过程管理水平，可以实现相应国家碳排放减量的13.7%～45.2%（平均27.6%）。

2018年10月，习近平总书记在广东考察调研时，要求广东要深入抓好生态文明建设，对彼时广东还有9个劣V类国考断面记挂于心。珠三角地区9市全部纳入国家"无废城市"建设，全省危险废物利用处置能力达850万吨/年，与2017年相比翻番，基本满足全省危险废物安全处理处置需求。广东基本建成陆海统筹、天地一体、涵盖全要素的生态环境质量监测网络，以及包含智慧监测、智慧监管、智慧决策、智慧政务四大应用体系于一体的生态环境智慧云平台。

（一）提升医废处理处置能力

近三年全国本土聚集性疫情发生以来，从调度情况看，全国中高风险地区医疗废物、医疗污水处理处置情况平稳有序，能力充足。《中共中央关于坚持和完善中国特色社会主义制度　推进国家治理体系和治理能力现代化若干重大问题的决定》指出"加强公共卫生防疫和重大传染病防控，健全重特大疾病医疗保险和救助制度"。[①]早在2003年4月14日，胡锦涛在广东省疾病防疫控制中心考察就指出，"当前要把防治非典型肺炎的工作，作为关系改革发展稳定大局、关系人民群众身体健康和生命安全的一件大事，切实抓紧抓好"。[②]把公共卫生防疫防范作为推进国家治理体系和治理能力现代化重要内容，作为化解重大风险攻坚战组成部分。2020年，习近平总书记在推进中央深改委会议上就全面加强和完善公共卫生领域相关法律法规建设、改革完善疾病预防控制体系、健全公共卫生服务体系等提出了要求。中央深改委会议审议通过了

---

① 《中共中央关于坚持和完善中国特色社会主义制度　推进国家治理体系和治理能力现代化若干重大问题的决定》，《人民日报》2019年11月6日。

② 《胡锦涛广东考察：心系群众安危　全力防治非典》，北方网，2003年4月14日。

《关于健全公共卫生应急物资保障体系的实施方案》《国务院办公厅关于推进医疗保障基金监管制度体系改革的指导意见》《关于进一步深化改革促进乡村医疗卫生体系健康发展的意见》等文件。针对疫情发展态势，建立工作机制，生态环境部定期对中高风险等级地区开展集中调度，实行每日调度，指导督促重点地区严格落实"两个100%"工作要求，即医疗机构及设施环境监管与服务100%全覆盖，医疗废物、医疗污水及时有效收集和处理处置100%全落实。截止2021年底，全国医疗废物集中处置能力约215万吨/年，这个数字比2019年底提高了39%，另外，各地还具备医疗废物应急处置能力近200万吨/年。

2020年，《广东省生态环境厅关于加快推进危险废物处理设施建设工作的通知》出台，提出要积极探索以省固体废物环境管理信息平台定向关联备案等方式，开展废酸、废盐、废有机溶剂等危险废物"点对点"定向利用的危险废物经营许可豁免管理试点，提高利用处置效率。

医疗废物处理处置方面，在加强保持常规处置能力稳定运行的基础上，提升医疗废物转运及应急处置能力。全国涉及中高风险地区的市（州）和直辖市中，约70%的中高风险地区医疗废物日处置负荷率都在50%以下，涉疫情医疗废物均做到了日产日清，此外还储备了较为充足的协同应急处置能力，可随时启用。广东省鼓励人口50万以上的县（市）因地制宜建设医疗废物处置设施，确保2020年底前各地级以上城市至少建成1个符合国家标准要求的医疗废物集中处置设施；要加快健全完善县级医疗废物收集转运体系，在推进医疗废物处置中心新改扩建过程中，应充分考虑本地医疗废物处置能力需求，预留应急处置能力。

针对医疗污水方面，指导各地做好医疗污水和城镇污水处理环境监管工作，加强对定点医院污水处理设施，以及接收定点医院和集中隔离场所污水的城镇污水处理厂的动态监管，对发现定点医院存在污水处理设施管理运行不规范、医院污水消毒不到位等问题，均已督促当地立即整改。

严守生态环境安全底线。广东统筹抓好医疗废物处置环保工作，开发"医废通"微信小程序，推进医疗废物集中处置设施扩能提质，切实做到医疗废物收运处置、环境监管"两个100%"。"十三五"以来全省未发生较大以上突发环境事件，生态环境领域信访投诉持续三年下降。

（二）"无废城市"建设试点

1. 国家建设试点工作方案

2018年初，中央全面深化改革委员会将"无废城市"建设试点工作列入年度工作要点，这是中央层面首次明确提出要开展"无废城市"建设工作。2018年，国务院办公厅印发《"无废城市"建设试点工作方案》。2019年，生态环境部确定"11＋5"试点。2019年4月，生态环境部公布了"11＋5"个"无废城市"建设试点：广东省深圳市、内蒙古自治区包头市、安徽省铜陵市、山东省威海市、重庆市（主城区）、浙江省绍兴市、海南省三亚市、河南省许昌市、江苏省徐州市、辽宁省盘锦市、青海省西宁市共11个城市和河北雄安新区、北京经济技术开发区、中新天津生态城、福建省光泽县、江西省瑞金市共5个特殊地区榜上有名。2022年4月，生态环境部会同有关部门确定了"十四五"时期开展"无废城市"建设的城市名单：广州市、深圳市、珠海市、佛山市、惠州市、东莞市、中山市、江门市、肇庆市等9个城市在内的113个地级及以上城市和雄安新区、兰州新区、光泽县、兰考县等8个特殊地区参照"无废城市"建设要求一并推进。

2022年底，生态环境部等18个部门联合印发《"十四五"时期"无废城市"建设工作方案》，方案指出"无废城市"建设工作主要目标是：到2025年，实现"无废城市"固体废物产生强度较快下降，综合利用水平显著提升，无害化处置能力有效保障，减污降碳协同增效作用充分发挥，基本实现固体废物管理信息"一张网"，"无废"理念得到广泛认同，固体废物治理体系和治理能力得到明显提升。

其工作可概括为"12345"任务。"1"是指"100"个城市，即推动100个左右地级及以上城市开展"无废城市"建设。"2"是指"两个融合"，即"无废城市"建设实施方案与深入打好污染防治攻坚战相关要求、碳达峰碳中和等国家重大战略以及城市建设管理有机融合，做好建设方案顶层设计。"3"是指"三化"原则，即围绕固体废物治理这一主线，统筹推进减量化、资源化和无害化。"4"是指"四大体系"建设，即制度、技术、市场和监管等保障体系建设，并用好数字化技术。"5"是指"五大"重点领域，即在工业、农业、生活、交通、建筑领域推动绿色低碳循环发展和对危险废物的全链条环境监管。其成效体现在三方面：一是统筹推进高水平保护与高质量发展。试点城市通过统筹经济社会发展与固体废物污染防治工作，一方面提升了固体废物利用处置能力和监管水平，试点地区实施了1000余项能力保障任务、工程项目近600项，解决了一些历史遗留固体废物环境问题，加快了城乡环境基础设施补短板工作进程，带动了固体废物利用处置工程建设；另一方面，通过转变生产生活方式，实现固废减量化；反过来，通过固废减量化、资源化、无害化措施，减少了碳排放，倒逼生产生活方式绿色转型。二是"无废"理念逐步得到认同。试点城市通过开展形式多样的宣传教育活动，推进节约型机关、绿色饭店、绿色学校等7200多个"无废细胞"建设，营造了良好的"无废"社会氛围。三是示范带动作用明显。浙江省率先在全省域开展"无废城市"建设，广东省提出粤港澳大湾区9城同建"无废"湾区，重庆市、四川省全面启动成渝地区双城经济圈"无废城市"共建。

在工业绿色生产方面，通过优化产业结构、提升工业绿色制造水平，推动工业固体废物减量化与资源化。包头市统筹推进钢铁、电力等产业结构调整和资源能源利用效率提升，工业固废产生强度一年降低了4%。铜陵市、盘锦市、瑞金市等地通过"无废矿山""无废油田"建设，从源头减少了工业固体废物产生量；通过生态修复将废弃矿山变成"绿水青山"；通过发展旅游观光又将其转化为"金山银山"。

在农业绿色生产方面，通过与美丽乡村建设、农业现代化建设相融合，推动主要农业废弃物有效利用。徐州市建立了秸秆高效还田及收储用一体多元化利用模式，光泽县发展了种养结合生态农业模式，西宁市建设"生态牧场"模式等，这些做法实现了秸秆、畜禽粪污全量利用。威海市推广生态养殖模式，建成14个国家级海洋牧场。重庆市统筹供销合作社农资供应与农膜回收体系，2020年农膜收集率达到90%以上。

在践行绿色生活方式方面，通过宣传引导和管理制度创新，探索城乡生活垃圾和建筑垃圾源头减量和资源化利用。中新天津生态城推行垃圾分类实名管理、弹性收费和信息公示，居民分类准确率达87%。深圳推行"集中分类投放+定时定点督导"分类方式，生活垃圾回收率达到42%，位居国内领先水平。许昌市打造"政府主导、市场运作、特许经营、循环利用"模式，建筑垃圾资源化利用率超过80%。雄安新区编制"无废城市"教材，纳入新区15年教育体系。

2. 广东"无废城市"建设试点

广东持续推进"无废城市"建设。2021年2月，广东省人民政府印发《广东省推进"无废城市"建设试点工作方案》，推动"无废城市"建设试点工作，探索珠三角"无废试验区"协同机制，选取珠三角9市以及梅州市和信宜市作为广东省"无废城市"建设试点，力争凝练出珠三角经济发达区域和粤东西北区域"无废城市"建设模式和经验。

2022年4月，珠三角9市全部纳入国家"十四五"时期"无废城市"建设名单。2022年6月，深圳在全国"无废城市"建设试点中工作成效显著，打造出超大型城市"无废城市"建设样本，获得生态环境部2000万元专项财政资金奖励支持。同月，《粤港澳大湾区生态环境保护规划》明确提出建设"无废"湾区，探索"无废城市"区域共建模式。一是探索沟通合作方式。充分利用已有的前海深港、横琴粤澳、南沙三大合作机制为交流平台，汲取开展国家"无废城市"建设试点工作的经验，完善固体废物源头减量、资源化利用和无害化处置体系，探索粤港澳大湾区"无废城市"共建模式，建立完善跨省（区）非法转移联防联控合作机制。二是探索区域协同处置。推动生活垃圾综合处理设施建设，鼓励采用"互联网+回收"、智能回收等方式，探索建立内河船舶垃圾与陆上垃圾分类衔接机制。[①]

广东积极探索"无废城市"建设模式，推动试点城市因地制宜开展"无废城市"建设。截至2022年8月底，珠三角9个城市以及梅州市、信宜市均印发了"无废城市"建设实施方案。各试点城市共明确制度体系任务217个，技术体系任务95个，市场体系任务103个，监管体系任务130个。围绕固废五大领域共部署重点工程项目263个，总投资超700亿元。[②]

《广州市"无废城市"建设试点实施方案》将指导广州市分三阶段进行"无废城市"试点建设。第一阶段到2023年年底，为试点建设阶段。届时"无废城市"建设综合管理制度和监管体系基本完善，绿色制造体系初步构建，建成一批绿色生产项目，一般工业固体废物产生强度零增长，一般工业固体废物综合利用率达到90%，工业危险废物产生强度比2020年下降5%，危险废物综合利用率提高到50%，危险废物基本实现全面规范化管控；生活垃圾分类工作稳步推进，回收利用率达

---

① 《广东纵深推进"无废城市"建设　打造绿色低碳样本》，人民网，2023年6月6日。

② 《广东纵深推进"无废城市"建设　打造绿色低碳样本》，人民网，2023年6月6日。

到42%，实现原生垃圾"零填埋"；绿色建筑占新建建筑面积比率达到90%，装配式建筑占比达到35%，建筑垃圾资源化利用率达到25%；秸秆综合利用率达到93%，农膜回收率达到90%，畜禽粪污综合利用率达到80%；"无废城市"建设宣传工作全面开展，营造浓厚的"无废城市"创建氛围。第二阶段到2025年，为深入推进阶段。届时"无废城市"相关制度体系更加完善，市场体系和技术体系建设工作取得阶段性成效，"无废城市"建设长效机制助推构建现代环境治理体系建设。绿色制造体系进一步完善，一般工业固体废物产生强度实现下降，一般工业固体废物综合利用率达到92%，工业危险废物产生强度进一步下降；生活垃圾分类工作深入推进，生活垃圾回收利用率达到42.8%；绿色建筑占新建建筑面积比率达到100%，装配式建筑占新建筑比例达到50%，建筑垃圾资源化利用率达到28%；农膜回收率达到95%，畜禽粪污综合利用率达到80%以上；"无废文化"培育工作成效显著，形成全社会共同参与的"无废城市"建设工作的良好氛围。第三阶段为持续推进阶段，到2035年广州市主要指标达到国际先进水平，工业固体废物产生强度进一步下降，人均生活垃圾日产生量实现负增长；形成广州市"无废城市"建设模式和典型经验，"无废"理念深入人心。

协同推进水、气、土环境污染治理，这也是对环境污染治理规律认识的深化。固体废物既是水气土污染的"源"，也是水气土污染治理的"汇"，存在内在耦合关系。加强固体废物污染防治既是切断水气土污染源的重要工作，也是巩固水气土污染治理成效的最后环节。"无废城市"建设尽管着力点在固体废物污染防治，但对城市深入打好污染防治攻坚战有直接贡献和统筹推动作用。

广州构建含油金属屑豁免利用"新干线"。为做好新旧危险废物名录衔接工作，破解含油金属屑利用难题，广州市在反复调研、系统论证、可行性研究基础上，制定了豁免利用管理具体操作细则，明确了豁免利用需采取的形式（备案）、备案程序和管理管要求，为广大产废单位和涉豁免利用企业打通了一条"产处新干线"。2022年8月，鞍钢联众（广州）不锈钢有限公司含油金属屑资源化利用项目取得了豁免利用批复，项目直接回收广州周边企业含油金属屑作为生产原料利用，豁免利用能力达到20.5万吨/年，成为广州市豁免利用含油金属屑处置能力最大的企业。截至2023年5月，广州市有4家企业在省固体废物环境监管信息平台完成含油金属屑豁免资质备案，豁免利用处理能力达到28.7万吨/年，在全省范围内占比超过70%，成为省内含油金属屑豁免利用能力排名第一的城市。含油金属屑豁免利用模式运行推广后，有效衔接了不同行业企业的含油金属屑的利用，大大提高资源循环利用效率，有效解决了相关产废单位合法合规处置出路难题，真正实现钢铁行业产城融合协调发展，具有明显的经济效益和社会效益，同时助力推进广州市"无废城市"建设，提升广州市危险废物精细化管理水平。

（三）垃圾处理

2018年7月至2019年5月，因中山市生活垃圾处理能力不足，中心基地卫生填埋场应急暂存45万吨原生垃圾，产生臭气影响周边群众，群众环境信访投诉量达千宗。"垃圾围城"问题迫在眉睫，中山市委、市政府高度重视，标本兼治分阶段推进，以"无废城市"建设为契机，科学施策建设多项臭气治理工程，完成生活垃圾处置设施扩容建设，垃圾处理能力显著提升，实现"缺口"向"盈余"转变，"垃圾围城"困局得以破解。2022年，中山市生活垃圾处理能力达到8714吨/日，是"十三五"初的2.9倍。自2020年起，中山市全面实施生活垃圾分类工作，推动生活垃圾"无害化、减量化、资源化"，全市生活垃圾回收利用率超过30%。据统计，2022年中山全市生活垃圾总量相比2021年日均生活垃圾产生量减少300吨。

为了缓解工业原料不足等问题，20世纪80年代，我国开始进口可用作原料的固体废物。在一段时间内，中国成为世界垃圾处理厂。世界上很多发展快速的国家都会选择将垃圾运到中国处理。光是1995年到2016年，中国就接收着全球56%的垃圾，每年超过4000万吨。美国60%的固体废物，日本70%的废纸，欧盟87%的废塑料……都运到了中国，全国各地几乎都有"洋垃圾处理场"。

直到1995年10月30日公布、1996年4月1日起施行的《中华人民共和国固体废物环境污染防治法》，开始立法明确了控制"洋垃圾"进口。为严格控制洋垃圾向中国境内转移，中国陆续颁布了《国务院办公厅关于坚决控制境外废物向我国转移的紧急通知》《废物进口环境保护管理暂行规定》等行政法规或部门规章。2017年7月27日，国务院发布《禁止洋垃圾入境推进固体废物进口管理制度改革实施方案》，提出将分行业分种类制定禁止固体废物进口的时间表，大幅度减少进口种类和数量，全面禁止洋垃圾入境。这些"洋垃圾"在运输、储存或加工处理的过程中，本身的有害物质、夹带的病菌或焚烧处理产生的废气体会对土壤、水、空气带来污染。从2017到2020年，中国固体废物的进口量从4227万吨降至879万吨，如期实现了我国在2020年底固体废物进口清零的目标，发达国家将我国作为"垃圾场"的历史一去不复返了。自2021年1月1日起，中国禁止以任何方式进口固体废物，禁止中国境外固体废物进境倾倒、堆放、处置。2018年的上半年，被称为"全球电子垃圾村"的广东汕头贵屿环境空气质量指数（AQI）达标天数占90.4%，剩下不达标的天数也只是轻度污染。

随着环保要求提高，固体废物进口渐渐收紧，但"洋垃圾"还存在货运渠道藏匿、伪报、瞒报、倒证倒货以及绕越设关地等走私行为。对此，广州海关贯彻落实海关总署"国门利剑2019""蓝天2019"专项行动部署，坚持把打击"洋垃圾"走私作为"一号工程"来抓，坚决将

"洋垃圾"拒于国门之外。2019年以来，在海关总署的统一指挥和广东分署的协调下，广州海关连续开展两轮声势浩大的集中打击行动，打掉8个走私"洋垃圾"团伙，查证走私进口废塑料、废五金1.36万吨，查扣走私禁止进口废矿渣3855.3吨。2023年，广东肇庆海关关员对一批重达24吨的"塑料耳机外壳"洋垃圾进行了监管，并从肇庆新港码头装船将其退运出境。2021年以来，广州黄埔海关共查发并退运"洋垃圾"122票，共计1100余吨。

全面禁止进口"洋垃圾"作为我国生态文明建设的标志性成果，写入了《中共中央关于党的百年奋斗重大成就和历史经验的决议》。深入打好污染防治攻坚战的意见和"十四五"规划纲要对新污染物治理做出明确安排和部署，要求制定新污染物治理行动方案。新污染物主要来源于人工合成的化学物质，如滴滴涕。国内外广泛关注的新污染物主要包括持久性有机污染物、内分泌干扰物、抗生素、微塑料等，具有生物毒性、生物累积性、环境持久性、难治理性等"新"特征，现阶段未被有效监管，对环境或人体健康存在较大风险。2021年4月，习近平总书记在中央政治局第二十九次集体学习时再次强调，"要实施垃圾分类和减量化、资源化，重视新污染物治理"。新污染物治理行动也是建设美丽中国的需要，维持中国可持续绿色化学和经济增长的需要。新污染物治理的很多措施是要在水、气、土壤污染治理中落实的，体现了化学品环境管理对环境污染防治的"牵引驱动"的特点和规律。

第一，推动建立法规标准体系。坚持"筛、评、控、禁、减、治"六字方针。研究推动有毒有害化学物质环境风险管理立法，修订《新化学物质环境管理登记办法》。同时，制定化学物质环境风险评估技术方法等技术规范。其一，通过对有毒有害化学物质环境风险筛查和评估，"筛""评"出需要重点管控的新污染物。其二，对重点新污染物实行全过程管控，包括对生产使用的源头禁限、过程减排、末端治理。仅

2018—2020年，广东省级财政统筹安排资金722亿元，其中专项用于练江流域水污染整治的资金约124亿元。广东下决心整治茅洲河、练江黑臭等老大难问题，投入1000多亿元新建污水收集管网近12 000公里，新增污水处理能力254万吨/日，黑臭20多年的练江完成从"墨汁河"到"生态河"的华丽转变。

第二，加强源头准入管理。持续开展新化学物质环境管理登记，防范具有不合理环境风险的新化学物质进入经济社会活动和生态环境。仅2021年，就有564种新化学物质批准登记，提出500多项环境风险控制措施。

第三，推动有毒有害化学物质环境风险管控。开展化学物质环境风险评估，印发2批《优先控制化学品名录》，列入共计40种应优先管控的化学物质，推动通过禁止生产使用、实施清洁生产、产品中含量限制管控、纳入大气、水、土壤有毒有害污染物名录等措施，初步沿着全生命周期环境风险管控的思路去管控有毒有害化学物质的环境风险。

第四，积极参与全球化学品履约行动。以履行《关于持久性有机污染物的斯德哥尔摩公约》《关于汞的水俣公约》为抓手，限制、禁止了一批公约管控的有毒有害化学物质的生产和使用。在履行《斯德哥尔摩公约》行动中，我国已淘汰了20种持久性有机污染物。

（四）开展清废行动

根据《国家危险废物名录（2021年版）》，危险废物包括具有腐蚀性、毒性、易燃性、反应性或者感染性一种或几种危险特性的固体或液体废物，危险化学品废弃物，医疗废物等。

习近平总书记多次就强化危险废物环境监管作出重要指示批示。通过《强化危险废物监管和利用处置能力改革实施方案》的落实，对强化危险废物监管和利用处置能力建设发挥了重要推动作用。当前危险废物环境管理存在环境监管能力薄弱、利用处置能力不均衡及环境风险防范能力存在短板等三个方面的突出问题。自2017年"毒倾长江"事件发生后，2018年生态环境部发布《关于提升危险废物环境监管能力、利用处置能力和环境风险防范能力的指导意见》。截至2018年底，我国危险废物经营单位的核准利用处置能力超过9000万吨/年，但部分地区处置危险废物类别的能力仍然较为紧张，而高价值危险废物利用能力又相对过剩，发展仍存在"不平衡不充分"的问题。2021年《国务院办公厅关于印发强化危险废物监管和利用处置能力改革实施方案的通知》明确了国内新形势下危废环境风控和危废监管利用处置的行动方向，健全了危险废物监督监管体系，落实了地方、部门、企业等责任，对贯彻党中央有关决策部署、深入落实习近平生态文明思想、建设"无废城市"均具有重大意义。

第一，提升危险废物监管和补齐收集利用处置短板能力建设。一是建立健全"源头严防、过程严管、后果严惩"的危险废物环境监管体系，提高实现各省份省内危险废物处置能力与需求总体匹配，打造"省域内能力总体匹配、省域间协同合作、特殊类别全国统筹"三级保障体系。如建立京津冀、长三角、珠三角、成渝地区等区域合作机制，推行危险废物处置设施共建共享。截至2021年底，全国危险废物集中利用处置能力约1.7亿吨/年，利用能力和处置能力比"十二五"末分别增长了2.1倍和2.8倍。二是提升利用处置能力，提高信息化管理水平。全国固体废物环境管理信息系统基本实现了现有业务网上办理，2021年全年完成近60万家单位的危险废物管理计划备案、23万家单位的产废情况申报、500余万笔转移联单的运行和5千余家危险废物集中利用处置单位的年报报送。到2023年底，广东省各地级以上市危险废物利用处置能力与产生种类、数量基本匹配，利用处置设施布局趋于合理，危险废物利用处置能力基本满足实际需求。广州、珠海、河源、佛山、汕尾等市新建医疗废物处置设施要按计划建成投产；韶关、揭阳等市要完成医疗废物处置设施提档升级，改进烟气净化处理设施，确保污染物达标排放。

第二，在改革创新和健全制度方面，一是健全制度。目前，我国对危险废物的环境管理建立了比较完善的制度体系，包括制定《国家危险废物名录（2021年版）》和鉴别、管理计划、申报、转移联单、经营许可、应急预案、标识、出口核准等8项制度，60多项标准规范，覆盖从产生到利用处置全过程。2021年，生态环境部联合有关部门发布《危险废物转移管理办法》，修订危险废物鉴别管理和技术规范，进一步规范危险废物转移和鉴别行为。动态修订《国家危险废物名录》，提升列入名录的危险废物的精准性和科学性。二是着力改革创新。完善危险废物环境管理豁免制度，在环境风险可控的前提下，对32种危险废物特定环节特定内容实行豁免管理，实行"点对点"定向利用豁免；2021年，生态环境部研究发布首批危险废物排除管理清单。这都是在探索做好管理的"减法"，提高精准性和效能，大大减轻企业的负担。开展小微企业危险废物收集试点，打通危险废物收集"最后一公里"；开展废铅蓄电池集中收集和跨区域转运制度试点，实现各省域全覆盖，推动建立规范有序的废铅蓄电池收集处理体系，2021年各试点省份的废铅蓄电池收集转运量为2019年的2.8倍。

第三，在强化监管方面，一是源头严防。深入开展危险废物专项整治行动，对全国6万余家企业开展危险废物环境风险隐患排查，发现并整治2.5万个问题，建立涵盖2.8万余家企业的危险废物重点监管单位清单。

在2021年的"清废行动"中，国家应用卫星和无人机遥感技术对黄河干流中上游内蒙古、四川、甘肃、青海、宁夏5省（区）的24个地级市，约7.5万平方公里，开展遥感识别，结合实地调查，确认问题点位497个。各地各部门齐心协力，克服风雪、低温、疫情等不利因素，累计投入资金约2400万元，清理各类固废882.6万吨。其中，清理混合垃圾堆放点位39个，建筑垃圾堆放点位171个，其他固体废物堆放点位115个，生活垃圾堆放点位92个，一般工业固体废物堆放点位42个。清理量较大的是建筑垃圾和一般工业固废，分别是84万吨和735万吨。通过清理整治，还处置了危险废物2.1万吨，发现并清理历史遗留煤矸石、尾渣27.7万吨，有效防范了黄河中上游沿线生态环境安全风险。

一直以来，广东与相邻省（区）都有联手打击各类固体废物非法转移、倾倒行为的惯例，并对那些无证从事危险废物收集、利用与处置的经营活动进行严厉打击。2021年6月22日至24日，福建省漳州市漳浦地区发现有广东前来的车辆在非法转运、倾倒固体废物。调查得知，该车辆转运倾倒了约300吨铝灰，系由广东省转运至福建省漳浦县，并在当地伺机倾倒。随后，广东、福建两省启动固体废物污染防治联防联控合作机制，联合部署摸排和执法协作。根据研判分析，广东、福建两省执法人员对相关涉案人员供认的企业和装货点位、运输路线等逐个核实，最终破获该案。

二是过程严管，持续推进危险废物全过程监控和信息化追溯。江苏省用一个"二维码"对危险废物"一管到底"，还有一些省份对危险废物转移实施了可视化的全过程监控；持续开展危险废物规范化环境管理评估，推动地方政府和相关部门落实监管责任，督促危险废物相关单位落实法律制度。

广东贯彻实施《广东省固体废物污染环境防治条例》，落实《广东省环境保护厅关于固体废物污染防治三年行动计划（2018—2020年）》工作要求，加强了对危险废物产生、转移、贮存和利用处置各个环节的执法检查，严肃查处涉固体废物污染环境、非法转移倾倒等违法行为。2018年5月，广东省环境保护厅从全省抽调54名业务骨干，组成12个专项督查组，对全省21个地市开展为期10天的打击固体废物环境违法专项督查。督查期间，以涉危险废物企业为重点，以危险废物管理及处置存在异常的企业为方向，聚焦危险废物产生、储存、转移、处置、利用各个环节，关注一般工业固体废物流向，围绕企业的固废废物管理和利用处置，对企业的环境管理、排污行为等进行全面核查。督查组对督查发现的涉嫌环境违法行为、违法线索、环境问题等逐一登记立账，建立"问题清单"并督促依法查处、整改。通过开展活动帮助各地发现问题，压实企业治污责任，倒逼行业规范管理，推动广东环保继续走在全国前列的具体行动。

三是后果严惩。生态环境部联合公安部、最高人民检察院持续开展打击危险废物环境违法犯罪行为专项行动，严厉查处危险废物非法转移、倾倒、处置等违法犯罪行为。2021年，全国生态环境部门共查处涉危险废物环境违法案件近5300起，向公安机关移送1000余起，罚款约6.5亿元。

2018年9月，广州花都区炭步镇中洞水库旁边的山林地被非法倾倒大量固体废物垃圾，形成一个大型垃圾山。垃圾山事件经曝光后，花都区公安分局以污染环境罪正式立案，抓获邱伟德等污染环境犯罪团伙12人，刑拘12人，逮捕8人。2019年7月29日，邱伟德被判处有期徒刑1年，并处罚金2万元；刘群光被判处有期徒刑1年，并处罚金2万元；盛绍山被判处有期徒刑1年6个月，并处罚金2万元。3年后该事件有了最新进展：花都区炭步镇政府通报称，广州市中级人民法院2021年9月24日将开庭审理该宗广州市生态环境局提起的生态环境损害赔偿民事诉讼案件（大涡村"邱伟德、盛绍山、刘群光固体废物污染责任纠纷"案），拟追讨生态环境损害赔偿3 337 706.1元。花都区炭步镇纪委监委给予时任炭步镇大涡村党支部书记、村委会主任植伯桐党内警告处分；给予炭步镇环保办主任任振昌通报批评；责令分管环保工作的炭步镇党委委员、副镇长江文铸作出书面检查。

第四章

生态文明建设示范广东治理

2023年4月11日，习近平总书记来到茂名高州市根子镇柏桥村考察调研，指出："要坚持走共同富裕道路，加强对后富的帮扶，推进乡风文明，加强乡村环境整治和生态环境保护，让大家的生活一年更比一年好。"[1]保护和建设好农村生态环境，实现农村经济可持续发展，是我国现代化建设中必须始终坚持的一项基本方针。2017年中央农村工作会议首次提出走中国特色社会主义乡村振兴道路，让农业成为有奔头的产业，让农民成为有吸引力的职业，让农村成为安居乐业的美丽家园。深入贯彻党的二十大精神，实施乡村振兴战略，全面落实"产业兴旺、生态宜居、乡风文明、治理有效、生活富裕"的总要求。随着城市污染产业向农村转移，加上乡镇企业发展加重了农村污染。围绕生态文明建设，坚持绿色生态导向，推动农业农村可持续发展；坚持遵循乡村发展规律，扎实推进美丽宜居乡村建设。农村环境整治事关农业的持续发展、农民的切身利益、农村的和谐稳定，是重要的民生问题，也是实施生态文明的重要内容、统筹城乡和谐发展、建设美丽中国的必然要求。

一、污染地块环境监管国家试点

《中共中央　国务院关于全面推进美丽中国建设的意见》把"优化国土空间开发保护格局"作为"加快发展方式绿色转型"的首要任务，提出健全主体功能区制度，完善国土空间规划体系，统筹优化农业、生态、城镇等各类空间布局。针对影响生态和排放污染的行为，聚焦好（优先保护）坏（重点管控）两头，进行预防性和控制性管控，构建生

---

① 《习近平在广东考察时强调　坚定不移全面深化改革扩大高水平对外开放　在推进中国式现代化建设中走在前列》，新华社，2023年4月13日。

态环境分区管控体系，进一步健全生态环境源头预防体系、优化国土空间开发保护格局、提升生态环境治理现代化水平的关键举措。

（一）土壤污染

《中华人民共和国环境保护法》第三十二条规定"国家加强对大气、水、土壤等的保护，建立和完善相应的调查、监测、评估和修复制度"。2016年5月国务院启动《土壤污染防治行动计划》，明确要求实施建设用地准入管理，防范人居环境风险。具体内容包括明确管理要求、落实监管责任、严格用地准入等。2016年12月27日，环境保护部部务会议审议通过《污染地块土壤环境管理办法（试行）》，制定了疑似污染地块和污染地块相关活动方面的环境标准和技术规范。所谓的疑似污染地块，是指从事过有色金属冶炼、石油加工、化工、焦化、电镀、制革等行业生产经营活动，以及从事过危险废物贮存、利用、处置活动的用地。按照国家技术规范确认超过国家相关技术规范的疑似污染地块，称为污染地块。随着我国经济产业结构的调整，大量工矿企业关闭或搬迁，原有地块极有可能会作为城市建设用地被再次开发利用。而污染地块的直接开发建设，将对人民群众的健康和生活造成严重危害。对此，国家对污染地块统一实行土壤治理与修复。

土壤污染治理与修复实行终身责任制。按照"谁污染，谁治理"原则，对于造成土壤污染的情形，造成污染的单位或者个人必须承担治理与修复的主体责任，否则将面临法律的制裁。无论责任主体是否发生变更都将追究相关单位或者个人的责任。建立完善土壤污染终身追责体制，让土壤污染的责任单位或个人不会因土地使用权转让或变更而无法找到相关责任单位或责任人。

2020年，广东省出台了《广东省2020年土壤污染防治工作方案》，要求重点行业的重点重金属排放量要比2013年下降12%；基本建成覆盖全省的固体废物资源化、无害化处理处置体系，逐步完善固体废物监管体系；全省城市生活垃圾无害化处理率超98%，超95%以上的行政村的生活垃圾得到妥善处理。此外，广东省建设土壤污染治理先行先试区，率先在韶关市开展土壤污染防治行动，形成了"酸性矿山生态修复""暂不开发地块整治"等土壤污染防治经验，给全省的土壤防治工作带来了示范效应。

珠三角的广州、深圳、佛山、中山、东莞等5市，作为污染地块环境监管国家试点。探索建立建设用地规划、用地预审、土地供应等环节土壤环境质量监管介入机制，试点实施地块环境调查监督性监测措施。支持广州、东莞开展污染地块安全利用率90%核算试点。创新开展重点行业企业用地土壤污染状况调查和规范化开发利用，让一块块污染地块焕发新生。部分钢铁、化工企业遗留地块经过严格的监测调查和修复，华丽变身公园、写字楼。

面对纳税大户，广州壮士断腕，2018年先后关停位于市中心的广州发电厂、旺隆电厂、粤华电厂等，共9台燃煤发电机组。2019年广州提前完成三年减煤199万吨任务。

茅洲河深圳段累计完成治水投资380亿元，释放土地价值达1200亿元。一批批高新技术企业相继入驻、一座座科创与孵化平台落地扎根，生态红利持续释放。根据《广东万里碧道总体规划（2020—2035年）》，到2030年全省将建成1.6万公里碧道，掀起广东新一轮治水大幕。推进始兴、五华等11个粮食生产大县实施化肥减量增效示范11万亩，推进大埔等7个县开展果菜茶有机肥替代化肥试点。

（二）排污权有偿使用和交易试点

2013年12月，广东省排污权有偿使用和交易试点在广州启动。排污权有偿使用和交易制度通过在环境管理领域中引入市场机制，充分发挥市场机制在环境资源中的配置作用，逐步实现环境容量资源从无偿到有偿的过渡，力求降低全社会治污成本，是广东环境管理领域改革的重要尝试。

坚持保护优先、预防为主、防治结合、综合治理的原则，加强联合防治，严格控制工业污染、城镇生活污染，防治农业面源污染、船舶污染，积极推进生态治理工程建设，保护水生态资源，预防、控制和减少水环境污染和生态破坏。珠三角地区供水通道和水质超标的河段禁止作为受让方接纳其他流域的排污指标。落实《水污染防治行动计划》任务分工，推进地下水污染防治，确保广东省地下水质量78个考核点位中，极差比例控制在2.6%左右。

2017年《广东省西江水系水质保护条例》颁布，在全国跨省水系水质保护和联合防治上开了先河。广东省人民政府环境保护主管部门建立健全与上游相关省级人民政府环境保护主管部门的联动工作机制，加强水环境信息交流和共享，依法开展环境监测、执法、应急等合作，共同应对和处理跨省突发水环境事件以及水污染纠纷，协调解决跨省重大水环境问题。根据《中华人民共和国水污染防治法》和有关法律法规，2021年1月1日起广东开始施行《广东省水污染防治条例》。

全面推行河长制。上一级河长按照规定负责组织对下一级河长进行考核，考核结果作为政府及有关主管部门负责人综合考核评价的重要依据。实行生态环境损害责任终身追究制，对造成生态环境损害的，依法追究责任。

广东在全国率先实施环保实绩考核制度、"党政同责，一岗双责"政府领导考核机制、主体功能区差别化环境准入政策、排污权交易制度和碳排放权交易制度等，不断探索行政和市场的新手段。2012年，佛山在全省率先成立由市长兼任主任的市环境保护委员会，行使对环境保护的统一组织、指导协调和督查督办职责。2013年以来，佛山推出了环境保护"一岗双责"责任制、环境保护行政过错责任追究办法等，明确各区政府和37个市属单位，既要履行岗位职责，也要履行环保职责，并且严格考核，严肃追责。2014年，佛山市公安局经侦支队环境犯罪侦查大队在全省率先挂牌成立，各区成立环境犯罪侦查中队。2016年11月28日至12月11日，佛山关停了793家污染企业，处分了35名责任人。在原有考核各区政府和37个市有关部门的基础上，佛山将责任主体扩展至各区区委、政府及41个市有关部门，形成"党委统一领导，政府具体负责，市环委会牵头负责，市、区、镇三级联动，环保部门全程跟进，职能部门齐抓共管，社会广泛监督"的新格局。

制度供给机制不断丰富，制度配套日趋完善，制度执行更加有力，生态文明各项制度已经逐渐成为刚性的约束和不可触碰的高压线。为进一步厘清各级各部门生态环境保护工作责任，推动实施长效化、系统化、清单化管理，广州市生态环境局在全面分析1000余份法律、法规、规章以及其他规划文件等相关材料的基础上，梳理出各级各部门所应承担的生态环境保护工作责任，将需普遍遵守的共同责任列入《责任规定》，需分别履行的具体责任列入配套《责任清单》。2020年广州出台《广州市生态环境保护工作责任规定》及配套《广州市生态环境保护工作责任清单（试行）》。环境保护，党政同责。文件列出了各级党委、政府以及其他机关单位等11大类90个责任主体，同时规定其在决策、执行、行业管理、监管执法等方面各自应履行的生态环境保护工作责任。谁不负责，必将追责。2020年广州继续出台《关于全面强化各级领导干部生态环境保护责任坚决打赢污染防治攻坚战的意见》，就强化各级领导干部生态环境保护责任、保障打赢污染防治攻坚战作出规定。

加强考核结果分析运用，将考核结果作为领导班子和领导干部综合考核评价、奖惩任免的重要依据。受广东省人民政府委托，广东省生态环境厅对各地级以上市年度重点工作进展情况进行评估。评估结果作为下一年度生态防治专项资金分配和领导干部自然资产离任审计的重要参考依据。对落实生态环境保护工作不坚决不彻底、污染防治攻坚战任务完成严重滞后、区域生态环境问题突出的党政领导干部，将予以严肃问责。对履职不力、失职渎职等行为依法追究责任。

（三）尾矿库环境管理

《中华人民共和国固体废物污染环境防治法》第四十二条规定，"尾矿、矸石、废石等矿业固体废物贮存设施停止使用后，矿山企业应当按照国家有关环境保护规定进行封场，防止造成环境污染和生态破坏"。《防治尾矿污染环境管理规定》（2010年环保部令第16号修订）第十七条规定，"尾矿贮存设施停止使用后必须进行处置，保证坝体安全，不污染环境，消除污染事故隐患。关闭尾矿设施必须经当地省环境保护行政主管部门验收，批准"。重点环境监管尾矿库，指通过尾矿库环境风险预判环节，识别出的环境风险大、需要环境保护主管部门重点监管、督促尾矿库企业深入开展环境风险评估、环境安全隐患排查治理、环境应急预案编制等环境应急管理工作的尾矿库。

1. 尾矿库环境监管

中国现有近万座尾矿库，其分布和环境风险情况为华北地区分布近三分之一，长江流域分布近三分之一，在用的占三分之一，环境风险相对比较高的占三分之一。总体上，我国尾矿库数量大，情况复杂，环境风险高，监管难度大。这些尾矿库中还有一部分存在污染治理设施建设不到位，监管不到位，运行不规范的问题，环境污染隐患比较突出。

生态环境部高度重视尾矿库环境风险的防控工作，多措并举，持续强化尾矿库环境监管，积极推进尾矿库污染防治和环境风险防控工作。近两年主要做了三方面工作。

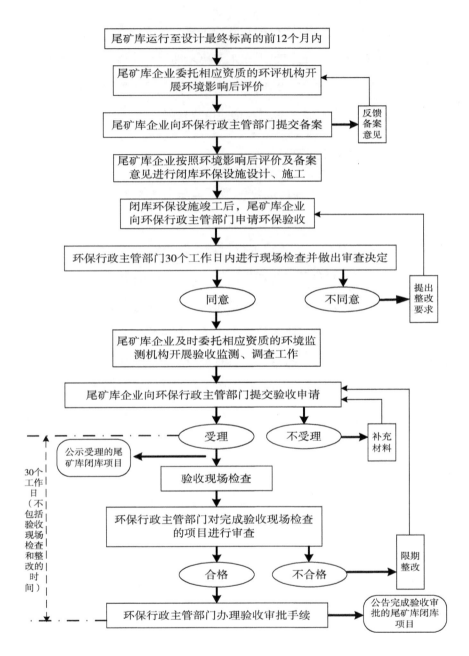

第一，完善尾矿库污染防治的法规制度。修订《尾矿污染环境防治管理办法》，制定尾矿库污染隐患排查技术指南，密切衔接固体废物污染环境防治法等法律法规对尾矿库的环境管理要求，明确细化尾矿库

污染防治的责任和要求。印发《尾矿库环境监管分类分级技术规程（试行）》，建立以环境风险防控为核心的分类分级管理制度，提高尾矿库污染防治和环境风险管控的精准性和科学性。

第二，持续推进重点地区的尾矿库环境污染治理。印发《加强长江经济带尾矿库污染防治实施方案》，全面开展长江经济带尾矿库治理情况"回头看"，巩固提升治理的成效，截至2021年底，全国沿江省市2450多座尾矿库排查出各类生态环境问题2100多个，正在有序推进治理。有关部门配合制订《"十四五"黄河流域尾矿库治理实施方案》以及加快推进嘉陵江上游尾矿库治理的文件，督促推动有关省份开展尾矿库的综合治理。

第三，开展尾矿库环境风险隐患排查治理。将尾矿库污染排查治理纳入年度统筹强化监督。2021年，国家环境部组织7个工作组对湖北、湖南等7省9个地市的尾矿库开展抽查；还组织各流域监督管理局督促指导流域各省份加强汛期尾矿库环境风险隐患排查治理，并对189座尾矿库开展了抽查，发现各类问题500多个，跟踪督促整改。通过排查治理，及时消除了一批环境风险隐患。

2. 广东尾矿治理

广东是应急管理部尾矿库预警监测系统建设的6个示范省份之一。利用卫星中心，结合地方管理现状与需求，进一步优化完善全国尾矿环境管理信息系统，推动尾矿库环境管理工作信息化、便捷化，为尾矿库管理提供更加有效支撑。

一是加强防治尾矿污染环境，保护和改善生态环境。根据《中华人民共和国环境保护法》《中华人民共和国固体废物污染环境防治法》《中华人民共和国土壤污染防治法》等有关法律法规，生态环境部制定《尾矿污染环境防治管理办法》《尾矿库污染隐患排查治理技术指南（试行）》。牢固树立底线思维，针对尾矿库环境管理突出问题，着力加强打基础、补短板建设。以风险防控为核心,实施尾矿库分类分级环境管理,坚决守住生态环境安全底线,有效降低防控尾矿库环境风险。

二是持续推进珠江流域等重点区域、流域尾矿库污染治理,加强各地汛期尾矿库污染隐患排查治理。尾矿库可以说是矿山企业最大的环境保护工程,用于贮存金属非金属矿山矿石选别后排出的剩余物,即尾矿。2013年广东有87座尾矿库;截至2019年底,全省共有尾矿库57座,其中在用库19座。建立了尾矿库的"退出""销号"工作机制,实施"目标管控""源头治理"。同时,严格控制尾矿库行政审批,原则上不再新增尾矿库,实现尾矿库数量"只减不增"。扎实开展下游1公里范围内有居民或重要设施的尾矿库——"头顶库"的综合治理,明确了"头顶库"综合治理的目标、任务、时限等事项,规范了"头顶库"综合治理项目验收的主体、标准和程序等事项。各地取得初步成效,完成了整治任务,有力提升了"头顶库"安全保障能力。加强清远市、韶关市和河源市重点尾矿库环境污染治理情况,并对重点尾矿库废水排放和周边地下水、地表水开展水质监测。

三是提高尾矿库环境监管基础能力,进一步完善尾矿库环境基础信息,构建尾矿库环境管理信息系统,借助信息化手段提升尾矿库环境管理能力和水平。广东省尾矿库"天眼地眼"安全风险预警预测系统已基本开发完成。该系统已接入所有尾矿库企业的运行信息及19家在用尾矿库在线监测信息,提供尾矿库风险评估和灾害预警决策支持。坚持把尾矿库监测预警系统建设作为防范遏制事故的重要抓手,主要负责人亲自协调、亲自组织,制定工作方案、分解压实责任,积极探索建设路径,多渠道筹措项目资金,建立工作专班,督导各地区、企业加快系统改造,提升数据质量,列出问题清单,制定整改措施,确保有效防范化解尾矿库安全风险。

四是进一步加强业务培训和指导帮扶，提升各地生态环境部门尾矿库污染治理水平和环境监管能力。明确尾矿库企业法定代表人和实际控制人同为本企业防范化解安全风险第一责任人，市、县级人民政府主要负责人是本地区防范化解尾矿库安全风险工作第一责任人。对没有生产经营主体的尾矿库，由所在地县级人民政府承担安全风险管控主体责任。各市、县级人民政府在当地主流媒体及政府网站公告辖区内所有尾矿库的信息及安全生产包保责任人名单。重组省、市、县级管理端业务流程、监管清单调整、审核管理功能使用，企业端账户注册、基础信息填报、尾矿库台账填报及填报注意事项等方面进行了系统详细的讲解，并对信息系统使用中的常见问题进行了答疑。

（四）污染源普查

2007年10月9日中华人民共和国国务院令第508号公布《全国污染源普查条例》，并在2019年3月2日《国务院关于修改部分行政法规的决定》中进行了修订。为了摸清各类污染源基本情况，掌握国家、区域、流域、行业污染物产生、排放和处理情况，加强污染源管理、改善生态环境质量、防控环境风险等情况，全国污染源普查每10年开展一次。开展污染源普查，旨在摸清各类污染源数量、行业和地区分布状况，了解主要污染物产生、排放和处理情况，建立健全重点污染源档案、污染源信息数据库和环境统计平台，对准确判断当前环境形势，制定实施有针对性的经济发展和环境保护政策、规划，不断改善环境质量，加快推进生态文明建设，补齐生态环境短板具有重要意义。

1. 第二次污染源普查

全国污染源普查是重大的国情调查，是生态环境保护领域基础性和全局性工作。根据国家统一部署，广东省第二次全国污染源普查于2017年正式启动，历时三年。截至2018年，全国共有工业污染源247.74

万个，生活污染源63.95万个，畜禽规模养殖场37.88万个，而集中式污染治理设施则仅有8.4万个。全国污染源的数量，广东、浙江、江苏、山东、河北五省就占了52.94%。此外，全国水污染相对严重，处理水污染的化学需氧量2143.98万吨，总氮304.14万吨，氨氮96.34万吨。与第一次全国污染源普查数据相比，第二次全国污染源普查结果呈现出以下特点。

一是主要污染物排放量大幅下降。2017年二氧化硫、化学需氧量、氮氧化物等污染物排放量相比2007年分别下降了72%、46%和34%，体现了国家污染防治所取得的巨大成效。

二是产业结构调整成效显著。其一是重点行业产能集中度提高。和2007年相比，全国造纸、钢铁、水泥等行业的产品产量分别增加了61%、50%和71%，企业数量分别减少了24%、50%和37%，产量增加了，企业数量减少了，单个企业平均产量分别提高了113%、202%、170%。其二是重点行业主要污染物排放量大幅下降。和2007年相比，造纸行业化学需氧量减少了84%，钢铁行业二氧化硫减少了54%，水泥行业氮氧化物减少了23%。由此可见，过去十年经济发展质量在提升，企业数量少了，但是产能集中度高了，在产品产量增加的同时，污染物排放量在大幅度下降，也就是单位产品的排污量在大幅下降。

三是污染治理能力明显提升。工业企业废水处理、脱硫、除尘等设施数量分别是2007年的2.4倍、3.3倍和5倍，都是数倍于十年前污染治理设施的数量。畜禽养殖粪污处理能力得到普遍提升，畜禽规模养殖场粪便和尿液资源化利用比例分别达到了85%和78%，生猪规模养殖场干清粪比例由2007年的55%提高到了2017年的87%。城市基础设施建设成效显著，污染治理能力大幅提升，和十年前相比，城镇污水处理厂的数量增加了5.4倍，处理能力增加了1.7倍，实际污水处理量增加了2.1倍，城镇生活污水化学需氧量去除率由2007年的28%提高到了2017年的67%。

生活垃圾处置厂的数量十年间增加了86%，其中垃圾焚烧厂的数量增加了303%，焚烧处理量增加了577%，焚烧处理量比例由十年前的8%提高到了27%。危险废物集中利用处置厂的数量增加了8.22倍，设计处置能力增加了4279万吨/年，比十年前提高了10.4倍。集中处置利用量增加了1467万吨，比十年前提高了12.5倍。由此，可以看出十年来我们国家在生态环境方面取得的成就。

2. 第二次污染源普查广东经验

与第一次相比，第二次全国污染源普查数据中，广东省的变化主要体现在以下四个方面：

第一，主要污染物排放总量大幅下降。化学需氧量、氨氮、二氧化硫、氮氧化物等污染物排放量比2007年分别下降了48.88%、65.72%、82.17%、64.96%，体现了10年间广东省污染防治攻坚工作所取得的成效。

第二，工业源产业结构调整成效显著。一是产业结构持续优化。广东省电子及通信设备制造、计算机及办公设备制造等高新技术制造业企业的数量同比2007年增长1.7倍；采矿业、电力热力生产和供应业等资源能源消耗密集型企业的数量比2007年减少了33%～85%。这说明高能耗的企业数量下降，但是高新技术制造业企业相对增长，也表明广东省产业结构不断优化调整、绿色生态理念得到落实。二是重点行业主要污染物排放量大幅下降。广东省造纸和纸制品业化学需氧量减少82.94%，黑色金属冶炼和压延加工业二氧化硫减少65.48%，非金属矿物制品业氮氧化物减少23.26%，说明广东省产业优化升级、淘汰落后产能、严格建设项目环境准入等结构调整政策以及污染治理水平得到明显提升，取得积极成效。

第三，农业源畜禽养殖排放量得到有效控制。畜禽养殖模式持续优化，2017年畜禽规模养殖增长了1.2倍，而养殖户养殖量下降了16%。生猪规模养殖场干清粪的比例由2007年的23.84%提高到2017年的67.45%。化学需氧量、总氮和总磷排放量分别下降了34.74%、53.49%和26.19%。表明广东省农业源畜禽养殖量虽有明显增长，但畜禽养殖结构显著优化，清粪模式进一步优化，畜禽粪便资源利用率得到明显的提升，逐渐形成绿色养殖模式，有效降低了畜禽养殖污染物排放量。

第四，生活源污染治理成效显著。广东省城镇人口规模和居住密度不断增加，但生活源污染物排放总量和排放强度明显下降。城镇生活源化学需氧量排放量下降55.09%，氨氮下降71.06%，总氮下降48.09%，总磷下降63.89%，主要污染物的人均排放强度明显下降，下降幅度为62.06%～78.84%。主要原因是10年间城镇污水处理设施的建设规模、污水收集处理水平均不断提高，污染控制成效逐步显现。10年间，广东省城镇污水处理厂日处理能力提高了1.55倍，化学需氧量、氨氮、总氮和总磷削减量提升了1.88～5.11倍。在环境基础设施，特别是在危险废物和医疗废物处置能力方面也得到大幅提升，危险废物年处置利用能力提高了2.48倍，医疗废物年处置利用能力提高了93%。

由普查结果数据可以反映出，在这整整的十年里，广东省深入贯彻落实习近平生态文明思想和习近平总书记对广东重要讲话、重要指示批示精神，大力推进污染防治攻坚和生态环境保护工作，污染物排放总量大幅下降，生态环境保护取得了明显成效。

中山市实行每日调度，设立"红黑榜"，坚持分级质量审核，每日按比例抽取已核算数据，及时发现反馈问题，跟踪整改落实情况；汕头采取市、区普查指导员多级审核机制，在开展产排污系数核算的同时，同步提高系统的强制性审核、提示性审核通过率，夯实基础数据质量，减少核算返工率。佛山市创新地提出"扣分制"，对质控工作进行量化考核。除普查员对企业现场100%复核、指导员15%复核要求外，专门针对市、区两级普查机构现场复核、资料复核提出了明确的量化要求，对指标缺漏、不规范填报、逻辑性差、与事实明显不符等情况实行严格的扣分制。审核评分表共计10分，单个固定源普查对象调查表审核评分低于6分的，视为不合格，要求重新入户调查。

协助做好普查报表制度的审批和备案。根据统计法要求，所有的调查和普查的方案都要经国家统计局报批。同时，参与普查方案和相关技术方案的设计，从统计专业的角度，对普查过程中的各种制度、方法以及报告等提供建议和参考。

利用部门的信息共享机制，及时向生态环境部提供相关行业信息、单位名录库以及相关统计数据。利用最新公布的经济普查及最新的单位名录信息，锁定污染源位置、提高污染源普查效率。另外提供相关的统计数据，协助校验普查相关数据质量。

指导普查数据质量管理。从统计专业部门的角度出发，配合生态环境部做好普查数据质量分析和评估，包括提供数据，协助对普查数据进行校验评估，参与普查公报、普查成果的发布等。

3. 开展普查的意义

坚持精准治污、科学治污、依法治污，坚决打好污染防治攻坚战，持续推进生态环境质量的改善。主要体现在三个方面：

一是深入推进水污染源"四源共治"。持续推进工业、城镇、农业农村、移动源（包括港口船舶）污染防治。实施入河排污口排查整治，优化排污口设置布局。深入实施造纸、纺织印染、制革、电镀、化工等重污染行业落后产能淘汰及清洁化改造，推进高耗水行业废水深度处理回用。加快推进城镇污水处理厂和配套管网建设，实施雨污分流改造和初期雨水收集处理，补齐污水处理设施短板。强化农村生活污水治理、种植污染管控、畜禽及水产养殖污染防治。系统推进航运污染治理，加快船舶污水整治、老旧及难以达标船舶淘汰、港口码头船舶水污染物收集转运处理能力建设。

二是深入推进臭氧防控。持续推动能源、产业、交通三大结构优化调整，深入实施工业源、移动源、面源三大源治污减排。严格控制煤炭消费总量，推进自备电厂、纺织、造纸等重点行业和重点区域"煤改气"工程。完善高耗能、高污染和资源型行业准入条件，深入推进水泥、陶瓷、造纸等行业转型升级。落实挥发性有机物治理与排放台账动态更新，大力推进低挥发性有机物含量的涂料、油墨、粘胶剂、清洗剂等原辅材料源头替代，推广共享喷涂中心建设模式，加强无组织排放控制。加快新能源汽车推广应用，持续推进柴油车污染防控，加强非道路移动源的污染治理和管控措施。加强施工扬尘、道路扬尘和堆场、矿山、码头扬尘污染控制，农业集中区实施秸秆禁烧管控。

三是持续推进固体废物减量化、资源化、无害化处理。推进绿色制造，开展绿色设计、绿色供应链示范，实施绿色开采，推动工业领域源头减量。推广畜禽粪污综合利用、种养循环的生态农业模式，加强废旧农膜、农药包装废弃物等再利用与集中处置。加强生活垃圾分类，全链条提升垃圾分类收集、运输、处理体系。加快推进快递业绿色包装应用，持续推进餐饮、宾馆、商场等行业实施生活垃圾源头减量。支持深圳市开展"无废城市"试点工作。全方位提升利用处置能力，持续推进处置设施建设，解决处置能力区域性和结构性不均衡问题。健全危险废物产生单位和经营单位规范化管理考核机制，持续提升固体废物监管信息化水平，严格危险废物全过程监管。

掌握了各类污染源的排放情况。从全国水污染物排放情况看，化学需氧量2143.98万吨，总氮304.14万吨，氨氮96.34万吨。从排放量来说，长江、珠江、淮河流域因为流域面积大，涉及省份多，化学需氧量、总氮和氨氮等污染物的排放量较大。从排放强度来看，海河、辽河、淮河流域单位水资源的污染物排放强度大。全国大气污染物排放情况为：氮氧化物1785.22万吨，颗粒物1684.05万吨，二氧化硫696.32万吨。全国部分行业和部分领域的挥发性有机物排放量1017.45万吨。京津冀及周边地区、长三角和汾渭平原是我国大气污染源单位面积排放强度较大的地区，也是国家确定的大气污染防治重点区域。2017年，全国一般工业固体废物产生量为38.68亿吨，综合利用量为20.62亿吨，处置量为9.43亿吨，存储量为9.31亿吨。全国秸秆产生量8.05亿吨，利用量5.85亿吨。山西、内蒙古、河北、山东、辽宁5省一般固体废物产生量占到全国的42.4%，山东、河北、山西、安徽和江苏5省一般工业固废的综合利用量约占到全国的40%。

健全了重点污染源档案和污染源信息数据库。第二次全国污染源普查形成了统一数据库，共形成了1800余张数据库表，1.5万余个数据字段，1.5亿多条数据记录，形成了第二次全国污染源普查"一张图"。根据污染源普查档案管理办法要求，所有档案做到了有序管理和安全存放。在重点校核产排污核算环节，通过综合分析产污量大或数量占比大的行业的生产工艺表、原辅材料及能源表和产排污核算表，找出3张表格之间的填报关系，整理成校核规则，用此规则对全市工业企业数据进行筛查，对疑似错填、漏填的名单并下发至各区核实整改，尽可能减少了产排污核算环节漏算的可能性。

培养锻炼了一批具有环保铁军精神的业务骨干。普查工作中，各级普查员和普查指导员发扬环保铁军精神，任劳任怨、努力工作，通过接受系统化的培训和现场调查，了解重点行业企业的生产工艺、污染治理技术和环保设施等相关情况，掌握了各类污染物排放核算方法。在普查成果总结过程中，通过分析归纳，把握了环境政策和当前的环境形势，得到了全面的学习和提高。通过普查，培养了一批有高度责任心和奉献精神、熟悉政策、精通业务的综合型人才。

进一步提高了全民环境意识。普查时间长，历时三年，在整个普查期间，通过多媒体、多方式宣传，广大新闻界人士给予大力支持，广泛动员社会各界力量，积极参与普查工作，提高了全社会的环保意识，营造了普查良好氛围。

二、建构环境治理体系建设

（一）推进环境保护体系建设

党的十八大以来，国家通过全面深化改革，加快推进生态文明顶层设计和制度体系建设，相继出台《中共中央 国务院关于加快推进生态文明建设的意见》《生态文明体制改革总体方案》，制定了40多项涉及生态文明建设的改革方案，从总体目标、基本理念、主要原则、重点任务、制度保障等方面对生态文明建设进行全面系统部署安排。我国环境保护趋于成熟，这与优秀传统文化与地方生态保护立法实践有关。

1. 乡规民约推进生态保护

森林能够涵养水源，保持水土，调节气候，是生态系统的核心。古人对此已颇有认识，采取了一些保护环境的措施，通过乡规民约起到约束保护生态的主要作用。通过竖碑禁止是基层民众保护森林的重要措施之一。从广州市白云区萝岗道光十八年（1838年）《严禁砍伐风水树条例》、广州市白云山光绪十二年（1886年）《严禁砍伐白云山景泰寺林木示谕碑》、广州市白云区钟落潭光绪二十四年（1898年）《禁坏山冈玷毁风水碑》等碑文可见一斑。

2. 开始立法

由于从化县出现盗砍树的现象，特别是明万历年间戚元勋"烧炭市利"，其砍伐林木，破坏水源林，对当地生态环境带来很大的破坏。清雍正年间修《从化县志》记载："通邑士民请官严禁，且议多植树株为后拥护，亦地方之要图也。"

"光绪八年（1882年），饶平、大埔、福建省平和三县共商护林联防，各派衙役乡勇巡视编边界，并各自制定禁止盗砍竹木和毁损树木的禁令告示。"①这种林业联保类似后来的自然保护区。

民国三年（1914年），国民政府颁布《森林法》规定保安林委托地方行政长官管理。所有林区凡关系到预防水患、涵养水源、公众卫生、航行目标、利便渔业、防蔽风沙者均得编为保安林；对受损者给予补偿。其对关于森林之监督、罚则及保安林管理等皆有详细规定。

民国十六年（1927年），广东省政府颁布《狩猎暂行条例》。其中属于2月1日至4月30日禁猎的有鹿、黄猄、穿山甲等。民国十七年（1928年），广东省政府通过修正的《广东省狩猎暂行条例》和《广东省暂行条例补充办法》。②

3. "三废"治理工作

1958年7月，在江门市江门甘化厂视察的周恩来总理作出指示，"要把废渣、变水、废气充分利用起来，变废为宝。"1960年7月，广州市人民政府组织第一批重点企业开展污水利用与处理工作，并成立了广州市工业废水处理研究组。

1972年10月，广东省委讨论了工业"三废"治理问题，强调处理工业污染治理的重要性，指出要对"孩子们"负责。随后，《关于认真治理工业"三废"的指示》出台，要求各地市认真做好工业"三废"治理工作，通过各种手段积极开展"三废"处理工作，兴利除害，对"三废"治理提出了具体要求。

1973年4月，广东省革委会工交办公室编制了《广东省治理工业"三

---

① 广东省地方史志编纂委员会编：《广东省志·林业志》，广东人民出版社1998年版，第6页。

② 海南省地方志办公室编：《海南省志·第二卷　自然地理志》，海南出版社2011年版，第453页。

废""四五"规划》，投入资金160万元，安排了第一批19个工业污染治理项目。7月，《韶关地区四县一市1971—1973年工业废水对北江水系污染情况调查》由韶关工业"三废"污染调查组完成，并提交了调查总结报告。

4. 全国环境保护大会召开

1973年8月，国务院召开全国第一次环境保护会议，确立了"全面规划，合理布局，综合利用，化害为利，依靠群众，大家动手，保护环境，造福人民"环境保护工作方针，并决定在国务院和各省、市、自治区设立环境保护机构，开展环境污染防治的工作。1973年9月至10月，广东省革委会在广州召开了第一次全省环境保护会议。会议决定在原来省治理工业"三废"领导小组的基础上，组建省环境保护领导小组及办公室（以下简称"省环保办"），归口省工业交通办公室，编制20人，内设秘书处、规划处及科技处。会议还决定建立省环境保护科学研究所和省环境保护监测中心站（两个单位合署办公）。这次大会及决定标志着广东省现代环境保护事业的开端。广东省革委会十分重视环保工作，为此建立广东省环境保护科技情报网，先后出台《防止有机贡等农药污染的通知》《广东省防止船舶污染海域会议纪要》等文件。1978年7月，广东省编制委员会批准成立广东省环境保护技术学校，培养专门人才，这是全国第一所环境保护中等专业学校。此举也带动了教育部门、中山大学首先开设了环保专业，纳入招生系列，许多高校相继效仿，培养了大批环保专业人才。1979年1月6日，广东省委批准成立《环境》杂志社，后来发展为广东省环境保护宣传教育中心。

5. 推进环境保护法落地

（1）落实环保法政策。1979年9月13日，《中华人民共和国环境保护法（试行）》（以下简称《环保法》）由第五届全国人民代表大会常务委员会通过，第一次明确提出了"谁污染，谁治理"原则，对污染治理责任主体提出了要求，并要求加强环保机构建设，省、自治区、直辖市人民政府设立环境保护局。由此，1980年4月广东省政府决定将"广东省环境保护办公室"改名为"广东省环境保护局"。

20世纪80年代以来，国家逐渐加强了对自然资源开发建设活动的环境管理。国家林业局还编制了《执行〈关于森林问题的原则声明〉的实施方案》《中国执行联合国防治荒漠化公约行动方案》《1989—2000年全国造林绿化规划纲要》《1991—2000年全国治沙工程规划要点》《中国湿地资源调查纲要》《林地管理暂行办法》等文件。国家林业局于1995年制定了《中国21世纪议程林业行动计划》，提出了中国林业发展的总体战略目标和对策，勾画了中国林业走向新世纪的宏伟蓝图。在全国范围内实施"33211"工程、退耕还林、天然林保护工程、"蓝天保卫战"等。广东开启了"绿化广东"、东濠涌治理、珠江治理、"腾笼换鸟"、绿道建设等系列措施，生态环保从末端治理走向源头和全过程防控，从总量减排走向以改善环境质量为核心。

1994年国家环境保护局发布《关于自然资源开发建设项目的生态环境管理的通知》《关于加强湿地生态保护工作的通知》。为了在环境保护领域贯彻可持续发展战略，履行《生物多样性公约》，实施环境与发展的十大对策和《中国21世纪议程》，国家环境保护局于1994年编制了《中国环境保护21世纪议程》，分别从环境政策导向、环境法制建设、环保机构建设、环境宣传教育、自然环境保护、城市与农村环境保护、工业污染防治、环境监测、环境科技、国际环境合作与交流等各个方面，回顾发展历程，分析存在问题，提出20世纪90年代以及21世纪初的目标与行动方案，作为今后全国环境保护工作的行动纲领。1994年国家环境保护局发布《全国环境保护工作纲要（1993—1998）》提出：建立生态破坏限期恢复制度，制定生态恢复治理标准。开展生态建设和自然资源开发项目环境影响的评价，调查并报告国家重大资源开发建设活动对环境造成的影响。在1994年完成《生物多样性保护行动计划》的基础上，国家环境保护局在联合国环境规划署（UNEP）的支持下，又于1995—1997年组织10多个部门和近100位专家，编制了《中国生物多样性国情研究报告》，核算了中国生物多样性的经济价值，包括生物多样性直接使用价值、生态功能的间接使用价值和潜在使用价值，并总结了中国在生物多样性保护与持续利用方面已做的努力，提出今后15年国家在保护与持续利用生物多样性方面的战略目标和措施。协调全国20个部门和许多非政府学术组织、团体开展了生物多样性保护工作，并指导各省（区、市）建立省级生物多样性保护协调机构和开展生物多样性保护项目。2001年《广东省重点保护陆生野生动物名录》发布，推动建立野生动植物保护资源档案，重点组织开展华南虎、中华穿山甲、鳄蜥等重点物种保护工程，实施观光木、仙湖苏铁、水松等极小种群野生植物拯救保护工程，加大珍稀濒危物种的就地、迁地保护。据有关统计，广东现有各类自然保护地1361处，数量位居全国第一；记录分布有陆生脊椎野生动物共1052种，野生高等植物6658种；其中林业部门主管的国家重点保护野生动物有188种、国家重点保护野生植物110种；现有红树林1.06万公顷，且湿地面积总量保持稳定，为各种生物提供了生存繁衍空间，对维护生物多样性具有重要意义。

（2）推进生态环境保护项目。国家环境保护局会同国家计委、国家经贸委等单位于1994—1996年编制了《中国跨世纪绿色工程规划（第一期1996—2000年）》，国务院于1996年9月批准实施。该规划针对中国环境保护的重点地区、重点问题和国际环境公约的履约行动，提出近1600个项目，其中许多涉及生物多样性保护。生态环境保护项目大体分为3类：一是农村生态保护，重点是农村生态示范区（县）建设，设定项目37个；二是自然保护区建设，重点是珍稀濒危动、植物及其生境的保护，设定项目27个；三是生态环境保护与建设，重点是植树造林、防沙治沙、植被破坏后的治理和恢复，设定项目54个。1994年9月，国务院发布《自然保护区条例》。该条例规定国家对自然保护区实行综合管理与分部门管理相结合的管理体制，即国家环境保护局负责全国自然保护区的综合管理，林业、农业、地矿、水利，海洋等部门在各自的职责范围内，主管有关的自然保护区。1995年，国家环境保护局会同国家土地管理局发布了《自然保护区土地管理办法》。1997年8月，国家环境保护局发布《关于加强自然保护区工作的通知》，要求各级环保部门切实执行《中华人民共和国自然保护区条例》，建章立制，完善规划，开展评审，进行经常性的监督检查。要求各级环保部门在近两三年内应着重对本辖区内环保系统的自然保护区在财力、物力上给予支持，使其尽快形成能力，按照国家和地方的有关法规政策，着力解决自然保护区的管理机构、人员编制、土地权属、治安管理等方面的问题和困难，加强对自然保护区管理工作的业务指导，加大科技投入和宣传教育的工作力度。

自20世纪90年代以来，全国自然保护区得到稳步发展。据统计，1995年底全国自然保护区达799个，面积约72万平方公里，占国土面积的7.2%。自然保护区的分布更加广泛，类型上也更趋全面，除森林和野生动物类型之外，还建立了相当一批草原、荒漠、湿地、海洋生态系统和地质与古生物遗迹等类型的自然保护区。为实施对自然保护区的综合管理和建立示范取得了经验。2021年10月，在《生物多样性公约》第十五次缔约方大会领导人峰会上，我国提出启动北京、广州等国家植物园体系建设。

（3）地方出台自然保护的地方性法规。20世纪90年代以来，在国家环保法规的指导下，各省（区、市）环保部门结合当地实际，制定了一系列自然保护的地方性法规，累计达41件。这些法规中包括了自然保护区管理、海洋环境管理、自然资源开发的生态环境保护等方面。比如，黑龙江省发布了《黑龙江省自然保护区管理办法》，新疆维吾尔自治区对《新疆维吾尔自治区自然保护区管理条例》进行了重新修订,内蒙古自治区颁发了《内蒙古自治区锡林郭勒草原国家级自然保护区条例》,吉林省制定了长白山、向海、伊通火山群等国家级自然保护区的管理条例。

国家海洋局组织专家于1996年编制了《中国海洋21世纪议程》。除《海洋环境保护法》,海洋部门也先后制定了一些海洋环境管理法规和部门规章,如《海洋自然保护区管理办法》《国家海域使用管理暂行规定》《中华人民共和国海洋石油勘探开发环境保护管理条例》《防止船舶污染海洋环境管理条例》《中华人民共和国海洋倾废管理条例》和《海水水质标准》等。沿海各地相继制定了一批海洋环境保护法规,如《河北省海域使用管理条例》《青岛市近岸海域环境保护规定》《厦门市海域环境保护规定》《威海市海洋环境保护暂行规定》等。

在生态环境保护方面,福建省、陕西省制定了矿产资源生态补偿费征收管理办法,开拓了自然保护工作新的领域。吉林省制定了生态村、生态乡(镇)、生态县(市)标准;辽宁省颁布了《抚顺市农村生态建设若干标准》;等等。

近年来,广东全面推进以国家公园为主体的自然保护地体系建设,目前已建立1361个自然保护地,广东省自然保护地整合优化工作稳步推进,自然保护地体系框架初步建立,生态保护格局进一步优化,为生物提供了得天独厚的生存条件。

6. 广东省生态环境地方法规立法

一是落实国家环境政策,积极出台环境保护政策。1981年1月7日,广东省政府公布《广东省消烟除尘管理暂行条例》《广东省防治电镀工业污染管理暂行条例》;1987年又公布了《广东省执行国家机动车辆废弃排放标准实行办法》等。二是结合广东实践经验进行改革。1981年制定了《广东省排污超标准收费暂行规定》,1982年又颁布了《广东省征收排污收费实施办法》。1987年5月20日，广东省政府颁发《广东省政府关于加强城市环境综合整治的决定》。1989年6月6日，省政府又颁布了《广东省城市环境综合整治定量考核办法》，对考核的项目及指标，范围、步骤和方法作出明确的规定。从《广东省东江水系水质保护条例》开始到《广东省饮用水源水质保护条例》《珠江三角洲环境保护规划纲要（2004—2020年）》《广东省韩江流域水质保护条例》《广东省西江水系水质保护条例》《广东省跨行政区域河流交接断面水质保护管理条例》再到《广东省环境保护条例》修订，从珠三角大气污染率先联防联控到《广东省推进粤港澳大湾区建设三年行动计划（2018—2020年）》中的"推进生态文明建设"部署等。

"十三五"以来，广东省制定、修订了90多件次生态环境地方法规，环评"放管服"等改革举措落地见效，重大项目"三服务三保障"机制发挥重要作用，生态环境服务高质量发展成效凸显。通过各种传播媒介，利用"爱鸟周""爱鸟月""鸟节""世界湿地日""保护野生动物宣传月""植树节"等活动，报告、展览会、征文等形式，宣传《野生动物保护法》《森林法》等国家有关法律法规，普及生态环境保护和野生动植物的科学知识。

（二）加强环境保护督察建设

习近平总书记在全国生态环境保护大会上指出，"特别是中央环境保护督察制度建得好、用得好，敢于动真格，不怕得罪人，咬住问题不放松，成为推动地方党委和政府及其相关部门落实生态环境保护责任的硬招实招。"环境数据质量是环境管理的"生命线"，事关科学决策、市场公平和政府公信力。生态环境部持续对包括碳排放数据在内的环境数据造假行为保持高压态势。生态环境部、最高人民检察院、公安部在全国开展打击自动监测数据弄虚作假环境违法犯罪专项行动，重点查处了不正常运行自动监测设备、篡改自动监测数据或者干扰自动监测设施，以及第三方监测单位提供虚假证明文件等环境违法犯罪行为，反映出"坚决向环境数据造假说不"的态度。

1. 环境保护督察

中央环境保护督察是党的十八大以来，针对生态文明建设提出的改革举措。2015年7月1日，习近平总书记主持召开中央全面深化改革领导小组第十四次会议，审议通过《环境保护督察方案（试行）》。会议指出，建立环保督察工作机制是建设生态文明的重要抓手，对严格落实环境保护主体责任、完善领导干部目标责任考核制度、追究领导责任和监管责任，具有重要意义。①2016年11月28日至12月28日，中央第四环境保护督察组对广东省开展了环境保护督察工作，并于2017年4月23日将督察发现的16个生态环境损害责任追究问题移交广东省，要求依法依规进行调查处理。至2022年7月底，第一轮中央环境保护督察及"回头看"督察105项整改任务已完成或基本完成101项，完成率为96.2%，督察组交办的10 480件举报案件已总体办结，第二轮中央生态环境保护督察54项整改任务已完成3项，督察组交办的6764件投诉举报案件，地市上报已办结6384件，阶段性办结380件。

2018年3月28日，习近平总书记主持召开中央全面深化改革委员会第一次会议，会议审议了《关于第一轮中央环境保护督察总结和下一步工作考虑的报告》。"党的十八大以来，党中央部署开展第一轮中央环境保护督察，坚持问题导向，敢于动真碰硬，取得显著成效。督察进驻期间共问责党政领导干部1.8万多人，受理群众环境举报13.5万件，直接推动解决群众身边的环境问题8万多个。下一步，要以解决突出环境问题、

---

① 《习近平主持召开中央全面深化改革领导小组第十四次会议》，新华网，2015年7月1日。

改善环境质量、推动经济高质量发展为重点，夯实生态文明建设和环境保护政治责任，推动环境保护督察向纵深发展。"①中央环境保护督察成为用最严格制度、最严密法治保护生态环境的生动实践，督察覆盖面更广，督察内容更聚焦，督察方式更多样，整改责任更实。面对生态文明建设，地方干部和领导干部政治站位不高、发展理念有偏差、执行政策不坚决、监督管理不到位等现象，广东省委、省政府高度重视，成立省环境保护督察整改工作领导小组，多次召开省政府常务会议和领导小组专题会议，具体研究问题整改和责任追究工作。以解决突出环境问题、改善环境质量、推动经济高质量发展为重点，夯实生态文明建设和环境保护政治责任，推动环境保护督察向纵深发展。截至2018年5月，中央开展环境保护督察工作实现31个省区市全覆盖，问责1万余人，推动解决了一大批突出环境问题。

按照依法依规、客观公正、科学认定、权责一致、终身追究的原则，广东省环境保护督察组进行了广泛深入、认真细致地核查，先后对1363人开展谈话，制作谈话笔录1476份，查阅项目资料2000多份，到现场取证625次，调取证据材料19 878份，形成了33份共30余万字的核查报告，做到事实清楚、证据确凿、定性准确、处理恰当、程序合法、手续完备。根据核查事实和有关规定，经广东省纪委常委会审议，并报省委、省政府审定，共对207名责任人进行问责，其中厅级干部21人，处级干部83人，科级及以下干部103人，给予党纪政纪处分152人（厅级14人、处级及以下干部138人），诫勉55人（厅级7人、处级及以下干部48人）。2022年年底前督察整改任务及督察组移交的信访案件办理工作取得阶段性进展，移交的责任追究问题依规依纪依法问责到位；人民群众

---

① 《习近平主持召开中央全面深化改革委员会第一次会议》，新华社，2018年3月28日。

对生态环境的获得感、幸福感、安全感显著提升。

2023年生态环境部印发了《"十四五"生态保护监管规划》（以下简称《规划》），这是我国首次制定生态保护的监管规划。《规划》以建立健全生态保护监管体系为主线，提升生态保护监管协同能力和基础保障能力，有序推进生态保护监管体系和监管能力现代化，守住自然生态安全边界，持续提升生态系统质量和稳定性，筑牢美丽中国根基。《规划》明确了"十四五"生态保护监管的五项重点任务，包括深入开展重点区域监督性监测、推进生态状况及生态保护修复成效评估、完善生态保护监督执法制度、强化生态保护监管基础保障能力建设和提升生态保护监管协同能力等。

2. 广东省环境监察实践

习近平总书记系列重要讲话和重要指示批示，充分彰显了对生态文明建设的高度重视和推进美丽中国建设的战略定力、战略魄力，为深入开展环境保护督察提供了方向指引和根本遵循。2004年广东省环境监察机构为了从制度上保障环境监察队伍的行风建设工作，先后出台《广东省环境监察机构标准化建设实施方案》《广东省环境监察机构标准化建设达标验收办法》《广东省环境监察机构标准化建设标准》《广东省环境监察标准化建设达标目标》，保障了广东省各级环境监察机构及环境监察队伍的行风建设工作。广东省环境监察总队建立了"文明用语"和"首问式制度"，广州市环境监察支队建立了"便民措施""行风建设制度""廉政建设制度""五个不准和五个带头"等制度，深圳市制定了"纠风工作责任书"，珠海市、中山市、汕头市、梅州市等地制定了"责任追究制度"。

由以上广东省环境监察实践反映出广东深入贯彻习近平总书记对广东系列重要讲话和重要指示精神，牢固树立绿水青山就是金山银山理念，完整、准确、全面贯彻新发展理念，深入实施"1+1+9"工作部署，把生态环境保护摆在更加突出的位置，深入打好污染防治攻坚战，加快推进生态环境治理体系和治理能力现代化，协同推进生态环境高水平保护和经济社会高质量发展，以更实举措、更大力度、更高质量狠抓中央生态环境保护督察反馈问题整改，更好满足人民日益增长的优质生态产品和优美生态环境需要，推动广东生态环境保护和绿色低碳发展走在全国前列，为建设美丽中国作出新的更大贡献。

2017年5月26日，习近平总书记在十八届中共中央政治局第四十一次集体学习时强调，"推动绿色发展，建设生态文明，重在建章立制，用最严格的制度、最严密的法治保护生态环境，健全自然资源资产管理体制，加强自然资源和生态环境监管，推进环境保护督察，落实生态环境损害赔偿制度，完善环境保护公众参与制度"。[1]一是配合司法部积极推动出台《碳排放权交易管理暂行条例》，进一步明确技术服务机构的责任和监督管理要求。二是严厉打击弄虚作假等违法违规行为。生态环境部已将碳排放专项监督帮扶发现问题及相关案卷材料移交各省级生态环境部门，指导各地依法依规处理处罚，涉嫌犯罪的案件及时移送公安机关处理。三是多措并举加强监管。建立健全信息共享、联合调查、案件移送等机制，联合相关部门加强对技术服务机构的日常监管。加大信息公开和信用监管力度。

2021年以来，习近平总书记又多次作出重要指示批示，强调要保持严的基调，该查处的查处，该曝光的曝光，该整改的整改，该问责的问责。在习近平总书记的亲自关心推动下，中共中央办公厅、国务院办公厅先后印发《中央生态环境保护督察工作规定》《中央生态环境保护督察整改工作办法》，使得督察制度建设不断深化，为督察工作深入开展奠定坚实的法治基础。力争到2025年，将建立较为完善的生态保护监管

---

① 《习近平在中共中央政治局第四十一次集体学习时强调　推动形成绿色发展方式和生活方式　为人民群众创造良好生产生活环境》，共产党员网，2017年5月27日。

政策制度和法规标准体系，初步建立全国生态监测监督评估网络，对重点区域开展常态化遥感监测，生态保护修复监督评估制度进一步健全，自然保护地、生态保护红线监管能力和生物多样性保护水平进一步提高，"绿盾"自然保护地强化监督专项行动范围全覆盖，自然保护地不合理开发活动基本得到遏制。统筹谋划生态环境重大项目实施。经初步梳理，"十四五"广东省生态环境领域重点项目共1146个，预计总投资3904亿元。

习近平总书记指出，"现行环保体制存在4个突出问题：一是难以落实对地方政府及其相关部门的监督责任，二是难以解决地方保护主义对环境监测监察执法的干预，三是难以适应统筹解决跨区域、跨流域环境问题的新要求，四是难以规范和加强地方环保机构队伍建设。"结合习近平总书记的指示，为健全完善环保体制机制，广东省对环保治理工作提出了以下要求。

一是全面践行习近平生态文明思想，切实扛起生态文明建设的政治责任。坚决贯彻习近平生态文明思想，把深入学习贯彻习近平生态文明思想、习近平总书记对广东系列重要讲话和重要指示精神作为重要政治任务，充分发挥各级党委（党组）理论学习中心组学习引领作用，坚持各级领导干部带头学，不断提高政治判断力、政治领悟力、政治执行力，切实增强政治自觉、思想自觉、行动自觉。压实生态环境保护责任，充分发挥省市县三级生态环境保护委员会作用，强化对生态环境工作的统筹协调，严格落实"党政同责、一岗双责"，确保责任落实到人、任务落实到位。严格监督考核问责，完善省级生态环境保护督察工作制度，加强例行督察和派驻监察，针对性开展专项督察，督促抓好反馈问题整改落实。严格落实污染防治攻坚战成效考核、领导干部自然资源资产离任审计和生态环境损害责任终身追究制度，对生态环境损害责任追究问题、督察整改中的失职失责问题等，按照有关规定移送纪检监察机关依规依纪依法追责问责。

二是完整、准确、全面贯彻新发展理念，以高水平保护推动高质量发展。推动区域城乡绿色协调发展，完善"三线一单"生态环境分区管控体系，高质量构建"一核一带一区"区域发展格局，加强城乡统筹，加快推动乡村基础设施提档升级，改善城乡人居环境。以"双碳"目标牵引高质量发展，以能源、工业、交通运输、城乡建设、农业农村等领域和电力、钢铁、石化、化工、建材、造纸等行业为重点实施碳达峰行动。加快能源结构转型，统筹推进化石能源压减和清洁能源发展。全面推进产业结构调整，加快绿色石化等10个战略性支柱产业和高端装备制造等10个战略性新兴产业集群集约化发展。优化交通运输结构，提高城市绿色出行比例。聚焦臭氧污染防治，一体推进重点行业大气污染深度治理与节能降碳行动。坚决遏制高耗能高排放项目盲目发展，严把"两高"项目准入关口，全面梳理排查在建"两高"项目，依法依规分类处置，加强事中事后监管。科学稳妥推进拟建"两高"项目，深挖存量"两高"项目节能减排潜力，推进改造升级，加快淘汰落后产能。

三是加快补齐治水短板，奋力打造美丽河湖和美丽海湾。加快补齐城镇污水收集管网缺口，推进污水处理设施建设，提升污水处理设施效能，完善用水供水体系，深入开展农村生活污水治理攻坚行动。推动重点流域和城市内河涌治理，巩固地表水断面治理成果，扎实推动国考断面水质稳定达标攻坚，全面开展县级城市建成区黑臭水体整治，建立防止返黑返臭长效机制。全力推进美丽海湾建设，2025年年底前基本完成重点海湾入海排污口整治。优化海水养殖布局，规范整治滩涂与近岸海水养殖，严控海水养殖尾水排放，严守海洋生态保护红线，加强重点河口海湾生态系统保护和修复，提升海湾生态服务功能。强化工业集聚区水环境整治，加强工业园区工业废水和生活污水分质分类处理，大力实施村镇级工业集聚区升级改造。加强工业园区环境监管，严厉查处工业园区环境违法行为。

四是强化环境风险防控，提升生态系统质量和稳定性。全面加强自然保护地监管，建立以国家公园为主体的自然保护地体系，积极推进南岭国家公园等建设，持续开展"绿盾"等监督检查专项行动，有序推进自然保护区核心区、缓冲区内小水电站的退出或整改工作。系统推进山水林田湖草沙保护修复，实施重要生态系统保护和修复重大工程，加强历史遗留矿山地质环境治理修复，加大生态保护修复监测与监督力度，开展生态保护修复工程实施成效自评估。深入推动土壤污染治理，开展土壤环境调查评估，合理规划土地用途，鼓励绿色低碳修复，严格用地环境风险管控，有效保障土壤环境安全。全力筑牢固体废物环境安全防线，大力推进"无废城市"建设，加快生活垃圾处理设施建设，提高焚烧处理占比，规范生活垃圾填埋场运营管理，推进生活污泥无害化处置设施建设。强化固体废物全过程监管，完善跨行政区域联防联控联治机制，严厉打击固体废物环境违法行为。

五是加快构建现代化环境治理体系，切实提升生态环境治理能力。健全环境治理法规政策体系，全面强化生态环境法治保障，推进生态环境教育、核与辐射安全、移动源污染防治等方面的法律规章制定修订工作。加快修订固定污染源挥发性有机物综合排放、畜禽养殖业污染物和水产养殖尾水排放等地方标准。加强采砂规划管理，完善执法标准。提升现代化生态环境监测与监管执法能力，优化监测站网布局。深化生态环境保护综合行政执法改革，提升生态环境监管执法效能。强化生态环境保护科技支撑，加快推进生态环境领域省域治理"一网统管"，提升监管精准化、智慧化水平。

构建现代化环境治理体系尤其是要把握几个重点方面工作。

第一，扛起政治责任。党的十八大以来，党和国家事业之所以取得历史性成就、发生历史性变革，根本在于以习近平同志为核心的党中央坚强领导。中央生态环境保护督察是党和国家重大制度创新，是建设生态文明的重要抓手，必须始终坚持和加强党的领导，深刻领悟"两个确立"的决定性意义，增强"四个意识"、坚定"四个自信"、做到"两个维护"，坚决扛起生态文明建设和生态环境保护的政治责任。

第二，保持战略定力。习近平总书记历来对生态环境保护工作看得很重，历来把生态文明建设作为重要工作来抓。明确要求保持加强生态环境保护建设的战略定力，不动摇、不松劲、不开口子。习近平总书记的重要指示，为地方进一步做好督察工作增强了定力，找准了方向，校准了靶标。

第三，敢于动真碰硬。从严从实，动真碰硬，这是习近平总书记一以贯之的要求，是督察的根本原则，容不得半点含糊。在抓问题上，要敢于动真格，不怕得罪人，咬住问题不放松，对破坏生态环境行为"零容忍"。

第四，狠抓问题整改。发现和曝光问题是手段，解决问题才是目的，也是督察的"后半篇文章"，必须推动督察组与被督察对象共同扛起政治责任，形成管理闭环，同频共振、相向而行，以钉钉子精神抓好整改落实，不解决问题绝不松手。

第五，设立科学严密举报制度。一是压实地方政府责任。指导各地政府全力支持生态环境部门建立有奖举报制度，将奖励资金纳入财政预算予以保障。二是设立专班保护举报人。设立有奖举报专班人员单线、全程与举报人对接，严格保护举报人隐私，消除举报人顾虑。三是畅通简化举报途径。利用微信、QQ等新兴方式，动动手、拍拍照就能有效举报。四是优化奖金核发环节。根据举报信息价值等因素，设立高低不同档次的奖励额度；举报线索一经查实，可简化身份核实和签收领取环节，尽快领取奖金。

第六，有效打击危废违法犯罪。广东省工业企业众多，但执法人员有限。各市积极应用有奖举报，为打击危废违法犯罪提供了有力支持。一是广泛扩大线索来源。有奖举报激发了群众的监督积极性，使不法分子陷入"人民战争"的汪洋大海，无处遁形。清远市根据群众举报线索查处一起非法倾倒7万吨的固废案，有效打击了违法犯罪行为。二是显著提升精准执法水平。有奖举报激励了内部吹哨人，执法人员据此掌握到违法企业地点、作案手法等关键信息后，联合公安机关周密布控，时机成熟后一网打尽。东莞市通过内线等方式收集线索，仅在2020年就查处162家散乱污企业。三是重金助力污染攻坚。"重赏之下，必有勇夫"。2019年，东莞市试行为期一个月的有奖举报政策，收到有效线索76条，发放奖金1350万元。据不完全统计，广东省2020年累计发放奖金390余万元，查实有效线索255条。有奖举报是"送上门"的群众工作。广东省生态环境厅以有奖举报为切入点，广泛吸纳公众参与，广泛征集违法线索，并与公安机关从转移、交易、处置等关键环节全面入手开展联合执法，为构建政府为主导、企业为主体、社会组织和公众共同参与的社会共治大格局探索了有益经验。

（三）建立科学生态环境目标评价体系

评价体系的框架内容既要全面系统，又要突出重点。制定评价体系，必须按照可持续发展观的要求，符合地方发展的阶段性特征，与社会主义现代化强国建设相适应，充分体现定性与定量相结合、现状与进度相结合、功能与贡献相结合。制定评价体系既具现实意义、又具理论价值，可以为评价生态文明建设进程提供量化依据，可以为推进生态文明建设工作提供舆论导向，可以为党委政府谋划生态文明建设提供决策参考，可以为全社会监督生态文明建设提供有效途径。

生态文明建设评价指标体系，分为生态经济、生态环境、生态文化和生态制度4个方面以及合理权重，有利于更好地发挥引导、督促、激励和约束的作用。具体来说，要把握好以下"四条基本原则"：整体性原则、定量化原则、代表性原则、可操作性原则。

第一，通过深化环评制度改革，减轻企业负担。

通过环评审批权限的下放，给企业就近办理环评手续提供了巨大便利。根据《广东省建设项目环境影响评价文件分级审批办法》，广东省生态环境厅曾4次调整省和市的审批权限，向广州、深圳和珠海横琴新区全面下放相关环评审批权限。同时，大幅度减少环评审批的数量。2018年，广东省建设项目编制报告书的仅949个，占项目审批量仅2.86%（报告表3.22万个，占97.14%），而占总数80%以上审批项目的仅需登记备案，实现了即时办理，便民效应突出。针对群众需求，广东省对环评审批流程进行了整合优化，并大幅度压缩了审批时间。

第二，做好环评服务，推动绿色发展。

对重大项目进行主动服务，逐一建立环评工作专班，厅主要领导靠前指挥，创新项目环评服务机制，统筹重点项目环评服务，确保按期完成环评审批。根据年度重点建设项目计划，结合项目特点及涉环境敏感区情况，梳理出重点关注项目，实施挂账销号式管理。2019年，广东省挂图督办的50个重点项目中，49个环评顺利推进，45个已批复。

第三，规范执法，营造公平环境。

通过优化环境执法监管方式，在规范环境执法行为的同时，亦方便了群众办事。实施污染源日常环境监管"双随机、一公开"，明确要求做到依法、公平、文明、阳光执法。坚决禁止环保"一刀切"。广东省委、省政府专门印发《中共广东省委办公厅、广东省人民政府办公厅关于禁止环保"一刀切"的通知》，在省级环保督察中，强化对各地监管执法中不作为、乱作为的检查，及时纠正行政处罚过程中的漏洞和不足。

同时，加强对环评机构的监管，提升服务企业质量。省市生态环境部门通过公开环评信息、每年开展环评技术复核、及时通报处理存在问题的技术机构和人员等措施，督促技术单位提高环评编制质量、压缩编制时间。

第四，提升服务水平，实现有效服务。

与企业建立沟通联络机制，开展"送服务上门"等活动。对重点企业建立挂钩联系制度，厅领导班子成员分片带队走访，实施精准帮扶。按照《关于深化企业生态环境监管服务推动经济高质量发展的通知》要求，每月第二个星期三，广东省生态环境厅举行全省生态环境系统"服务企业接待日"活动，为企业答疑解惑，解决具体问题。

同时，持续推进政务服务标准化。推进行政审批事项全过程网上办理，推进相关环境数据接入和共享。编制《广东生态环境政务服务指南》，对面向企业的相关办事事项、办事程序作了指引，公开相关负责同志的联系电话，方便企业直接交流。

此外，提升一体化在线政务服务水平。广东省生态环境厅22项行政许可类事项即办件比例达到40%，承诺时限压缩比达到75%以上，压缩比较去年提升20%；依申请类事项全部实现网上可办，要求提交的办事材料平均不到2份。

第五，加强指导，助力绿色发展。

其一，组织开展环保服务企业行动。提出深化"放管服"8项具体举措。牵头召开污染防治攻坚战治理技术、装备、服务展示交流对接会，搭建政府与企业环境治理的供需交流对接平台。

其二，引导企业提高守法自觉。2018年以来，广东省生态环境厅组织了近8000家（次）重点排污单位参加环境守法网络远程学习，大力宣传环保政策法规。现场组织排污许可培训近200场，对1.4万人次开展排污许可培训，基本实现对列入年度核发清单企业的全覆盖。组织对全省钢铁、火电、水泥、石化等行业污染源达标排放技术评估，根据评估结果指导企业开展环境问题整治。

其三，完善环境经济政策，推动高质量发展。大力推进绿色金融和环境污染强制责任保险试点。组织对近1200家国家重点监控企业进行环境信用评价，并与人民银行、银监会等有关单位实施环保诚信管理。

将完善生态环境保护责任考核体系，突出污染防治攻坚成效、生态环境质量改善考核，加强考核结果应用，将考核结果作为各级领导班子和领导干部任用和奖惩、专项资金划拨的重要依据。

首先，领导干部率先垂范，坚决扛起生态环境保护政治责任。在广东，各地各有关部门主要负责同志切实肩负起第一责任，协调推动各项攻坚任务落地见效。广州市规定未完成黑臭水体治理主要领导干部不得调整岗位，深圳市提出"一切为治水让路"，汕头市主要领导在练江流域污染最严重臭水沟边现场驻点办公，全省上下形成众志成城的攻坚态势。

广东省生态环境保护监察办公室和4个区域专员办公室组成的"1+4"生态环境保护监察体系，开展"点穴式""突击式"检查，不打招呼、不听汇报、直奔现场，建立起高效精准的暗访、随机抽查工作模式，针对群众反复投诉的信访"老大难"等问题密集开展约谈和挂牌督办，推动解决一大批突出生态环境问题。2021年，广东省市县镇四级河湖警长体系，人数8万名，比中央要求提前一年建立河长制、提前半年建立湖长制；广东全省各级累计巡河1300万次，整改主要问题57万个。广东省累计清理河湖"四乱"问题2.5万宗，清理违法建筑物面积950万平方米；"五清"清理水面漂浮物1867万吨，规范整治入河排污口11 399个，全面消除"十三五"劣Ⅴ类国考断面、地级以上市建成区黑臭水体；累计建成碧道2563公里。推动优良水质河段增加24.6%，生态岸线占比由28.3%增加至57.0%；广东省划定河道管理范围4.5万公里，全面完成流域面积1000平方公里以上共1211条河流采砂规划编制工作；广东省市县镇四级发出河长令1503件，督导42 823次，督办函30 068件；问责河湖长496名，设立河湖长公示牌43 346块。"广东智慧河长"平台公众投诉10 288件，办结率99.8%；广东省护河志愿者注册人数达74万人，队伍共3300支，累计服务时数近200万小时。

其次，加强水治理对象的效果考核。一是加强水指标体系考核。广东省河长办出台《广东省2021年河湖健康评价技术指引》，从"盆"、"水"、生物、社会服务功能4个准则层，在水利部的评价指标体系基础上，增加"碧道建设综合效益"和"流域水土保持率"2项指标，形成21～22个评价指标。广东省生态环境厅等部门联合具有相关水质检测资质的第三方机构定期对128个评价对象进行水质监测。

一度被称为"珠三角污染最重的河"——茅洲河，实现了从黑臭水体到河清岸绿的蝶变。通过实施全流域治污、全要素治理，治水、治产、治城相融，在治水攻坚高峰期，一线施工人员达3万多人，最高单日铺设管网4.18公里、单周24.1公里，成功实现产业结构转型、城市功能与布局优化再造。

黑臭了近30年的练江，经过治理迎来鱼翔浅底、白鹭翔集的美景。两次被中央生态环境保护督察组点名的练江，实施"大兵团"治污，在汕头练江段治水攻坚高峰期时，流域内一线施工人员达9000多人，管网施工每天平均推进约6公里。如今，已有200多家纺织印染企业集聚入园，实现了绿色和发展双赢。

到2021年，茅洲河、练江水质分别创1992年、2004年以来最好水平，被中央生态环境保护督察办公室选入"督察整改看成效正面典型案例"。

二是加强河长考核。2021年，广东正式出台《广东省全面推行河长制工作领导小组成员单位工作考核办法》，规定由省河长办牵头组织实施考核评议,每年开展一次。其中省河长办评议赋分占30%、省河长办副主任成员单位评议赋分占40%(省河长办副主任成员单位无需对本单位进行评分),重点对各成员单位工作推进、协作配合、任务完成等情况进行考核。明确考核结果分为优秀、良好和一般三个等级,作为相关单位领导班子及有关领导干部综合考核评价的重要依据。对获得优秀等级的单位予以表扬,并遴选部分优秀单位在省全面推行河长制工作领导小组会议上交流发言;对考核结果为一般等级的单位,予以书面提醒;对连续三年为一般等级的单位,由省河长办主任约谈该单位主要负责人。广州市共对水环境治理中履职不力的553名人员(含各级河湖长327名)进行了责任追究,并将问题情节严重、责任追究后整改仍不到位、造成严重不良影响或较大损失的10批22起水环境问题线索事项移送市纪委监委处理。江门"一票否决"等问责程度逐步递增的方式,对履职不到位、责任河湖水质不理想的河湖长进行考核问责,共预警、通报、约谈各级河湖长241人次。①自2018年起,广东省河湖长制工作连续3年获得国务院督查激励。在经中央批准的河湖长制表彰活动中,52个集体和个人上榜,数量居全国之首。

再者,充分发挥考核"指挥棒"作用。科学设置年度目标责任考核指标体系,将生态环境保护纳入全市目责考核中进行专项考核。贯彻落实《广东省直机关有关部门生态环境保护责任清单》,压实职能部门生态环境保护责任,完善省负总责、市县抓落实的工作机制。加强省市县三级生态环境保护委员会建设,建立健全工作机制,强化对生态环境工作的统筹领导和协调推进。在考核体系中,设置生态文明类指标,内容涉及生态工程、耕地保护、林地保护、水资源保护、环境保护、节能减排、生态建设、风险防控等指标,基本涵盖了生态文明建设的重点工

---

① 韩静:《广东:以体制机制创新 推动河湖长制有名有实有成效》,《中国改革报》2022年2月8日。

作。同时，新增两轮中央生态环境保护督察反馈问题整改指标，并分解到相关职能部门。加大生态文明类指标在领导班子和领导干部年度目标责任考核中的权重，逐年提高生态环保指标在全市年度目标责任考核分值体系中的占比。严格实行生态环境保护党政同责、一岗双责。与领导班子和领导干部评先评优相挂钩，对未完成生态文明建设目标任务的，取消领导班子和班子主要负责人年度"评先评优"资格。开展领导干部自然资源资产离任审计，建立常态化的审计机制，探索引入第三方专业机构进行自然资源资产审计。深化党政领导干部生态环境损害责任追究制度，将生态环境保护纳入年度目标责任考核"一票否决"中，把考核结果作为综合目标管理、领导干部选拔任用的重要依据，充分调动干部干事创业的内生动力，助推生态环保工作。

探索建立美丽广东建设指标评估体系。在《中华人民共和国国民经济和社会发展第十三个五年规划纲要》和《中共中央国务院关于加快推进生态文明建设的意见》（中发〔2015〕12号）提出的主要监测评价指标或其他绿色发展重要监测评价指标中，广东省绿色发展指标体系包括7个部分56个指标。这7个部分是：资源利用（14个指标）、环境治理（8个指标）、环境质量（10个指标）、生态保护（11个指标）、增长质量（5个指标）、绿色生活（7个指标）、公众满意程度（1个指标）。广东省生态文明建设考核目标体系包括资源利用、生态环境保护、年度评价结果、公众满意程度、生态环境事件共5个方面。以强化政府主导作用为关键，以落实企业主体作用为根本，健全环境治理领导、企业责任体系，实现政府治理有效、企业自治良性互动。

2020年，国家发改委出台了《美丽中国建设评估指标体系及实施方案》，指出美丽中国建设主要内容包括空气清新、水体洁净、土壤安全、生态良好、人居整洁5类指标。

空气清新，主要是指城市细颗粒物（PM2.5）浓度、地级及以上城市可吸入颗粒物（PM10）浓度、地级及以上城市空气质量优良天数比例3个指标明显排在全国前列。

水体洁净，包括地表水水质优良（达到或好于Ⅲ类）比例、地表水劣Ⅴ类水体比例、地级及以上城市集中式饮用水水源地水质达标率3个指标明显排在全国前列。

土壤安全，包括受污染耕地安全利用率、污染地块安全利用率、农膜回收率、化肥利用率、农药利用率5个指标明显排在全国前列。

生态良好，包括森林覆盖率、湿地保护率、水土保持率、自然保护地面积占陆域国土面积比例、重点生物物种种数保护率5个指标明显排在全国前列。

人居整洁，包括城镇生活污水集中收集率、城镇生活垃圾无害化处理率、农村生活污水处理和综合利用率、农村生活垃圾无害化处理率、城市公园绿地500米服务半径覆盖率、农村卫生厕所普及率6个指标明显排在全国前列。

按照突出重点、群众关切、数据可得的原则，注重美丽中国建设进程结果性评估，分类细化提出22项具体指标，委托第三方机构（中国科学院）对全国及31个省、自治区、直辖市开展美丽中国建设进程评估。以2020年为基年，以5年为周期开展2次评估。后续根据党中央、国务院部署以及经济社会发展、生态文明建设实际情况，美丽中国建设评估指标体系将持续进行完善。

面向2035年"美丽中国目标基本实现"的愿景，按照体现通用性、阶段性、不同区域特性的要求，聚焦生态环境良好、人居环境整洁等方面，构建评估指标体系，结合实际分阶段提出全国及各地区预期目标，由第三方机构开展美丽中国建设进程评估，引导各地区加快推进美丽中国建设。"十四五"期间广东将锚定建设美丽广东的总目标，着眼于生态环境更加优美，城乡人居环境明显改善，生态环境治理体系和治理能力现代化加快推进，生产生活方式绿色转型成效显著，粤港澳大湾区生态环境质量保持全国领先，粤北生态发展区建立以生态价值为基础的考核机制，深圳市生态环境质量达到国际先进水平。

2020年，广东省人民政府出台《广东省人民政府关于全面推进农房管控和乡村风貌提升的指导意见》。作为广东省乡村振兴综合改革试点，佛山三水立足实际，全域谋划，探索推进美丽创建、城乡融合、乡村治理，形成具有三水特色的美丽乡村建设路径。三水推进美丽乡村建设，以人居环境整治为突破口，形成四级整治标准、四级长效管理机制，首创"美丽指数"发布机制，分别发布季度农村人居环境美丽指数和年度乡村振兴综合美丽指数。让美丽"可视化"，为美丽乡村制定评定标准。以建设美丽宜居村和乡村振兴示范村为抓手，推进美丽家园、美丽田园、美丽河湖、美丽园区、美丽廊道'五美'并建，全域建设'美丽三水'提升乡村品质颜值。

参考文献

1. 《马克思恩格斯全集》，人民出版社2016年版。

2. 《马克思恩格斯选集》，人民出版社1995年版。

3. 《列宁全集》，人民出版社2017年版。

4. 《毛泽东选集》，人民出版社1991年版。

5. 《毛泽东文集》，人民出版社1996年版。

6. 《建国以来毛泽东文稿》，中央文献出版社1992年版。

7. 《毛泽东论林业》（新编本），中央文献出版社2003年版。

8. 《邓小平文选》第3卷，人民出版社1993年版。

9. 习近平：《干在实处　走在前列——推进浙江新发展的思考和实践》，中共中央党校出版社2006年版。

10. 习近平：《摆脱贫困》，福建人民出版社2014年版。

11. 《习近平谈治国理政》第4卷，外文出版社2022年版。

12. 《十三大以来重要文献选编》，人民出版社1991年版。

13. 《十四大以来重要文献选编》（上），人民出版社1996年版。

14. 《十八大以来重要文献选编》（上），中央文献出版社2014年版。

15. 江流、徐葵、单天伦主编：《苏联剧变研究》，社会科学文献出版社1994年版。

16. 广东省地方史志编纂委员会编：《广东省志·林业志》，广东人民出版社1998年版。

17．吴博任主编：《广东省志·环境保护志》，广东人民出版社2001年版。

18．中共周宁县委党史研究室：《中国共产党周宁县历史大事记》，福建教育出版社2003年版。

19．韩日缵篡：《博罗县志（明崇祯本）》，中国文史出版社2014年版。

20．张景安：《美丽梅州：梅州市创建国家生态文明先行示范区战略研究》，知识产权出版社2015年版。

21．中央党校采访实录编辑室：《习近平在厦门》，中共中央党校出版社2020年版。

22．中央党校采访实录编辑室：《习近平在福建》（下），中共中央党校出版社2021年版。

23．本书编写组：《闽山闽水物华兴——习近平福建足迹》（下），福建人民出版社2022年版。

后　记

　　生态文明建设是个大课题。在习近平生态文明思想的指导下，我们对广东生态文明建设的理论与实践进行了初步探索，形成了本书的成果，提出了一孔之见。探索是艰辛的，充满着酸甜苦辣，需要阅读大量的著作论文，了解文件政策，走访专家学者，实地调研生态环境，常常夜不能寐，但愿该书能为广东生态文明建设提供一些有益参考。

　　广东是"七山一水二分田"的林业大省，曾经面临缺林少绿、生态脆弱，存在发展不平衡，个别地方还面临着森林资源质量不高、管护机构不健全、生态产品价值实现机制不活、生态服务功能欠缺等难题。虽然广东林业遭受了1958年、1968年、1978年三次乱砍滥伐的严重破坏，但1958年广东省在第一个五年计划完成后做出了造林2200亩的良好成绩，超过中央下达计划的1.6倍。1985年开始，广东省开展十年绿化造林工程。1991年3月，中共中央、国务院授予广东省"全国荒山造林绿化第一省"称号。其后，广东省再接再厉，持续绿化广东大行动，先后通过《关于继续奋战五年确保如期绿化广东的决定》《关于巩固绿化成果，加快林业现代化建设的决定》等。经过多年的治理，广东省森林覆盖率由1949年的19.4%增加到2023年的58.7%，林地面积由1949年的5900万亩增加到2023年的1.62亿亩。

　　如何处理经济发展与生态保护的关系一直是个难题。中国坚持"绿水青山就是金山银山"的发展理念，尊重自然、顺应自然、保护自然，贯彻节约资源和保护环境的基本国策，推动绿色发展、循环发展、低碳发展。广东历来是中国工业较发达的省份之一，对生态文明建设同样重视。1956年5月29日，毛泽东在广州造纸厂视察，开始重视废料废水废渣综合利用的理念。1972年，我国加入联合国环境保护行动以后，国家对环境保护越来越重视。自此，广东在生态文明创新上走在全国前列。1997年，广东省人民政府颁布《广东省外商投资造林管理办法》，第一次在全国鼓励外商参与造林经营活动。1998年11月，《广东省生态公益林建设管理和效益补偿办法》出台，将生态公益林的经营管理纳入公共财政预算。1999年广东被国家林业局定为全国唯一的省级林业分类经营改革示范区。2013年12月，广东省排污权有偿使用和交易试点在广州启动。2014年4月，广东省环保厅、财政厅联实施《广东省排污权有偿使用和交易试点管理办法》，落实"排污权交易"政策，制定一系列基本原则及推进目标。

2023年9月22日，广东省生态环境保护大会暨绿美广东生态建设工作会议召开。广东省委书记黄坤明强调："要深刻认识生态文明建设在现代化建设全局中的重要地位，深刻认识推进中国式现代化的广东实践，建设生态文明是必须答好的必答题；走好高质量发展这条根本出路，解决生态环境突出问题是必须跨越的重要关口，切实肩负起使命责任，知重负重、知难克难、知责尽责，守护好广东的绿水青山，不辜负总书记的厚望重托、不辜负广东父老乡亲的期待期盼。"广东坚持全面社会改革、有序推进生态文明制度建设，从一个经济相对落后的农业省发展成为全国第一经济大省，其间为发展付出的巨大努力，可谓"历历在目"。此前广东资源环境承载能力接近极限，一些地方不同程度存在黑臭水体、大气污染、土壤安全等环境问题，群众反映十分强烈，改善生态环境质量尤为紧迫。2012年以来，广东转变发展方式，直面生态环境问题，下定决心补上生态欠账，以超常规力度毅然打响污染防治攻坚战。针对突出的水污染问题，广东以全省污染最严重的茅洲河、练江治理为引领，层层压实治水责任。面对跨界河问题，广东建立"流域+区域"跨市治理合作机制，推动左右岸、上下游、干支流全流域治理。这些做法为工业经济发达的地区如何治理跨流域环境问题起到了先行示范作用。围绕如何更好建设生态文明，广东做出实践总结，这对中国现代化强国生态文明建设具有引领探索意义。

本书在编写过程中，得到单位领导的鼎力支持，同时有赖于出版社各位编辑的辛勤付出，在此一并表示衷心的感谢！

当然，本书也存在不足，一些细节有待完善，一些考证有待深入，有的内容只是对其进行政策性解读，全面性系统性有待加强。敬请广大读者和专家学者批评指正。我们将继续努力，不断深入探索研究，做生态文明建设的研究者、促进者。

倪新兵

2024年5月